Berichte des Deutschen Ausschusses für Stahlbau

Ausgabe B

(Fortsetzung der vom Deutschen Stahlbau-Verband, Berlin, herausgegebenen Berichte des früheren Ausschusses für Versuche im Stahlbau)

Heft 10

Untersuchungen zur Ermittlung günstiger Herstellungsbedingungen für die Baustellenstöße geschweißter Brückenträger

Im Auftrage der Direktion der Reichsautobahnen

Berichterstatter:

Prof. Dr.-Ing. G. Bierett
Staatliches Materialprüfungsamt
Berlin-Dahlem

Mit 59 Textabbildungen
und 2 Tabellentafeln

Berlin
Verlag von Julius Springer
1940

ISBN 978-3-7091-3252-4   ISBN 978-3-7091-3255-5 (eBook)
DOI 10.1007/978-3-7091-3255-5

Alle Rechte, insbesondere das der Übersetzung
in fremde Sprachen, vorbehalten.

Copyright 1940 by Julius Springer in Berlin.

Vorwort.

Die großen technischen und wirtschaftlichen Vorzüge des Schweißverfahrens sind bekannt.

Wir müssen es jetzt als ein großes Glück bezeichnen, daß wir in der Zeit vor dem Kriege die wichtigsten Fragen des Schweißverfahrens durch eine umfangreiche Versuchsforschung so weit geklärt hatten, daß seine Sicherheit als gewährleistet angesehen werden konnte.

Auf den verschiedensten Gebieten der Rüstung konnte daher das Schweißverfahren mit allergrößtem Nutzen angewendet werden.

Im Stahlbrückenbau bietet das Schweißverfahren neben anderen Vorzügen die Möglichkeit, in erheblichem Maße Stahl zu sparen.

Das vorliegende, in der Reihe der Berichte des Deutschen Ausschusses für Stahlbau herausgegebene Heft „Untersuchungen zur Ermittlung günstiger Herstellungsbedingungen für die Baustellenstöße geschweißter Brückenträger" bringt Klarheit in die Spannungsverhältnisse der Baustellenstöße geschweißter Brückenträger und gibt der Baustelle Richtlinien an die Hand, um für die Ausführung der Baustellenstöße günstige Bedingungen zu schaffen.

Das vorliegende Heft ist für die Ausführung großer geschweißter Brückenträger eine wichtige Quelle neuer Erkenntnisse.

Berlin, im Juli 1940.

Schaper.

Inhaltsverzeichnis.

	Seite
I. Veranlassung und Ziel der Untersuchung	1
II. Allgemeines über die Schrumpfspannungsverhältnisse in geschweißten Trägern	3
III. Untersuchte Bauwerke, Stöße und Schweißungen	4
A. Bauwerke und konstruktive Herstellungsbedingungen	4
B. Hilfsmittel zur Unterstützung der Schrumpfung und Spannvorrichtungen	8
C. Schweißtechnische Herstellungsbedingungen: Schweißausführung, Schweißfolge und Schweißweg	12
IV. Messungen und Ergebnisse	16
A. Meßverfahren und allgemeine Bewertung der Meßergebnisse	16
1. Meßgeräte und allgemeines über die Meßanordnung	16
2. Messungen an den Stegblechen	17
3. Messungen an den Gurtplatten	18
B. Meßergebnisse	23
1. Die Verspannung zwischen Stegblech und Gurtung	23
2. Die Verspannungs- und Verkrümmungsverhältnisse in den Gurtnahtzonen	28
a) Ergebnisse an den einzelnen Bauwerken	29
b) Die Verbiegungen der Gurtnahtzonen	40
c) Verformungen und Spannungen des schrägen Stoßes	43
V. Beurteilung und Folgerungen	44
A. Vorbemerkung	44
B. Beurteilung der einzelnen Bauwerke	45
C. Folgerungen	47
1. Allgemeine Erkenntnisse	47
2. Empfehlenswerte Herstellungsbedingungen	48
a) Konstruktive und montagetechnische Bedingungen	48
b) Schweißfolge und Schweißweg	49
c) Schweißausführung	50
Schlußwort des Berichterstatters	51

I. Veranlassung und Ziel der Untersuchung.

Die Erkenntnisse über das Festigkeitsverhalten geschweißter Teile führten zu einer immer stärkeren Bevorzugung des Stumpfstoßes gegenüber den früher im allgemeinen verwendeten Kehlnahtverbindungen. Besonders bei Konstruktionen, bei denen mit stark wechselnden Belastungseinwirkungen zu rechnen war, mußte die Ausbildung der Stöße als Stumpfnahtverbindungen als die zweckentsprechendste Konstruktionsform angesehen werden. Bei den großen Brückenträgern der Reichsbahn und der Reichsautobahnen fand etwa vom Jahre 1936 ab der reine Stumpfstoß immer stärkere Anwendung.

Die Güte der Stumpfnahtverbindungen bei sachgemäßer Ausführung stand zu dieser Zeit auf Grund der bei Dauerfestigkeits- und anderen Untersuchungen gemachten Erfahrungen außer Zweifel. Wenn auch diese Untersuchungen für die Zwecke des Bauwesens fast durchweg an kleineren Probekörpern, vor allem hinsichtlich der Dicke, ausgeführt worden waren, lagen aus anderen Anwendungsgebieten der Schweißtechnik, besonders aus dem Hochdruckbehälterbau, auch genügende Erfahrungen über die Güte von Stumpfnähten bei größeren Materialdicken vor. Gegen die Anwendung reiner Stumpfstöße für schwere Brückenträger konnten deshalb keine Bedenken bestehen, wenn die Gewähr gegeben war, daß die Arbeitsbedingungen auf den Baustellen eine einwandfreie Schweißarbeit gewährleisteten, die Überwachung, vor allem auf Grund von Durchstrahlungsprüfungen, besonders wirksam gestaltet werden konnte und die besonderen Schwierigkeiten der universalen Trägerstoßausbildung gemeistert werden konnten.

Während die beiden erstgenannten Bedingungen bei der Einführung dieser Stoßausbildung durch die Vorschriften und Überwachungsanordnungen der Deutschen Reichsbahn in Verbindung mit den Bemühungen der Stahlbaufirmen als gelöst angesehen werden konnten, mußten Erfahrungen über die besonderen Schwierigkeiten der Universal-Stumpfstoßherstellung bei großen Abmessungen und Lösungen dieser Schwierigkeiten erst allmählich durch die praktische Ausführung gewonnen werden.

Zu den ersten Bauwerken, bei denen reine Stumpfstöße vorgesehen waren, gehörte die Eisenbahnbrücke über den Strelasund im Zuge des Rügendammes[1]. Bei der Schweißung der schräg unter einem Winkel von 45° zur Längsachse verlaufenden Gurtnähte ergaben sich Schwierigkeiten besonders in Gestalt von Verwerfungen, offenbar in Auswirkung von Wärmestauungen in den spitz zugeschnittenen Enden der zu stoßenden Platten. Der Berichterstatter regte auf Grund der hierbei auftauchenden Fragen auf einer Sitzung des Deutschen Ausschusses für Stahlbau bei Herrn Ministerialdirigent Geh. Baurat Professor Dr.-Ing. e. h. Schaper an, die besonderen Verhältnisse bei der Baustellen-Stoßschweißung durch systematische Untersuchungen der Verformungs- und Spannungsverhältnisse bei der Herstellung zu klären, um auf Grund der Ergebnisse Unterlagen über die Auswirkung der einzelnen Faktoren und so für zweckmäßige Arbeitsbedingungen zu gewinnen. Die Reichsbahnhauptverwaltung und die Direktion der Reichsautobahnen veranlaßte daraufhin durch Verfügung $\frac{82\ \text{Ibe}\ 133}{\text{RAB Br 1/2}}$ vom 7. November 1936 die Obersten Bauleitungen der Reichsautobahnen, bei größeren geschweißten Brücken die Schrumpfspannungen beim Schweißen

---

[1] Schaper, G.: Die Ausbildung und die Schweißung von Baustellenstößen geschweißter vollwandiger Hauptträger von Brücken. Elektroschweißg. Bd. 8 (1937) H. 1, S. 1—4. Besondere Gesichtspunkte veranlaßten hier später die Anordnung von zusätzlichen Decklaschen, die jedoch weder statisch noch nach den Untersuchungsbefunden der Stumpfnähte nötig sind.

der Baustellenstöße durch das Staatliche Materialprüfungsamt Berlin-Dahlem messen zu lassen.

Auf Grund der Vorbesprechungen und dieser Verfügung wurden in der Zeit vom Juli 1936 bis Mai 1938 Untersuchungen an 8 Bauwerken und insgesamt 22 Stößen dieser Brücken durchgeführt. Ein Vorbericht über einige wichtige Untersuchungsergebnisse ist bereits veröffentlicht worden[1], um der Praxis eine schnellere Nutzanwendung der Ergebnisse zu ermöglichen. Über weitere, im gleichen Zusammenhang später von der Materialprüfungsanstalt der Technischen Hochschule Stuttgart an einigen süddeutschen Bauwerken durchgeführte Untersuchungen ist ebenfalls ein Vorbericht erschienen[2].

Die Untersuchungen hatten vornehmlich den Zweck zur Gewinnung von Unterlagen für die Entwicklung zweckmäßiger Arbeitsbedingungen. Der Berichterstatter hatte bei dem allgemeinen Versuchsvorschlag und bei der Planung nicht im Auge, auf Grund von Feststellungen über die Spannungsgrößen ein Urteil über die relative Sicherheit der einzelnen Bauwerke zu gewinnen. Das wäre auf diesem Wege allein auch ganz unmöglich gewesen, da man zur Beurteilung der Sicherheit auf jeden Fall die werkstofflichen Verhältnisse in den Nahtzonen hätte einbeziehen müssen und auch dann kaum zu einem beweiskräftigen Urteil gelangt wäre. Jedoch war von Anfang an der Gedanke maßgebend, daß man der Schweißspannungsfrage große Bedeutung beimessen müsse und daß, solange nicht der Nachweis geführt sei, daß diese inneren Spannungen in jedem Fall und bei jeder Größe unschädlich seien, alle Möglichkeiten zu ihrer Geringhaltung ausgenutzt werden müßten. Die späteren Erfahrungen an geschweißten Bauwerken sind genügend Begründung für diese Auffassung. Wenn man auch einige im ausländischen Fachschrifttum in letzter Zeit vertretene diesbezügliche Auffassungen[3] wie: „die inneren Spannungen sind der wahre Feind der geschweißten Konstruktion" in dieser uneingeschränkten Fassung nach allen vorliegenden Erfahrungen ablehnen muß, darf andererseits heute nicht mehr bezweifelt werden, daß bei der Herstellung geschweißter Konstruktionen der Spannungsfrage große Aufmerksamkeit geschenkt werden muß. Bei der Behandlung der Ergebnisse muß zwar davon abgesehen werden, irgendwelche Rückschlüsse über die Sicherheit zu ziehen. Dagegen können aber die an den verschiedenen Bauwerken festgestellten Spannungsverhältnisse im Vergleich zueinander für die Beurteilung der Frage dienen, ob die gewählten Herstellungsbedingungen in dem einen Fall günstiger als im anderen waren, woraus sich aus den zahlreichen Untersuchungen die Grundsätze für zweckmäßige Herstellungsbedingungen ergeben.

Die zerstörungsfrei an den Bauteilen durchzuführenden Untersuchungen konnten naturgemäß keinen Aufschluß über die Schweißspannungsverhältnisse unmittelbar in den Nähten selbst ergeben, sondern nur über die Querverspannungen, die sich bei diesen Verhältnissen zwischen Steg- und Gurtnähten ausbilden und über die Querspannungen, die in den dicken Gurtnähten in Auswirkung der hier auftretenden Verkrümmungswirkung entstehen. Auf diese Fragen wird im nächsten Abschnitt ausführlicher eingegangen. Das zu gewinnende Urteil muß sich deshalb auf die Herstellungsbedingungen beschränken, die für die genannten Verspannungswirkungen maßgeblich sind, das sind im wesentlichen die Montagebedingungen — freie Dehnlängen und Art der Spannvorrichtungen — die Schweißfolge zwischen Steg- und Gurtnähten, für die Stegblechnaht der Schweißweg und für die dicken Gurtnähte außerdem einige die Verkrümmungswirkung beeinflussende Faktoren wie die Wirkung von Zwischenabkühlungen, Nahtform oder Wirkung des Hämmerns. Zu erwarten waren außerdem aus den allgemeinen Erkenntnissen über die vorwiegend auftretenden Spannungserscheinungen Anregungen für eine in diesen Sonderfällen zweckmäßige Schweißausführung.

---

[1] Bierett, G.: Über Schrumpfkräfte und Schrumpfspannungen in elektrisch geschweißten Baustellenstumpfstößen. Elektroschweißg. Bd. 9 (1938), H. 12, S. 225—232.

[2] Graf, O.: Aus Untersuchungen über die beim Schweißen von Brückenträgern entstehenden Spannungen. Stahlbau Bd. 11 (1938), H. 13, S. 97—101.

[3] Vgl. Oss. Métall. Bd. 8 (1939), Nr. 2 u. 3, S. 101—102 u. S. 151—155. Ausführliche Wiedergabe und Stellungnahme dazu siehe Techn. Zbl. prakt. Metallbearb. Bd. 49 (1939), Nr. 9/10, S. 386—390.

II. Allgemeines über die Schrumpfspannungsverhältnisse in geschweißten Trägern.

Bei der Herstellung geschweißter Träger mit Gurt- und Stegblechstößen in der Werkstatt werden im allgemeinen zunächst die Gurt- und Stegstumpfstöße geschweißt und dann erst durch Legen der Halsnähte die Einzelteile zum vollständigen I-Profil zusammengesetzt. Bei dieser Arbeitsfolge werden gegenseitige Verspannungen der Einzelteile vermieden. Die Schweißspannungsverhältnisse in Trägern dieser Art wurden in Heft B 7 der Berichte des Deutschen Ausschusses für Stahlbau beschrieben und erörtert.

Der Fall der Trägerschweißung mit äußerer Verspannung tritt bei der Verbindung einzelner Trägerstücke im Baustellenstoß auf. Durch die zeitliche Aufeinanderfolge beim Schweißen der einzelnen Nähte und auch infolge der Unterschiede des Schrumpfmaßes bei den dünnen Stegblechen und den dicken Gurtplatten entstehen in den einzelnen Querschnittsteilen Schrumpfkräfte, die sich gegenseitig das Gleichgewicht halten müssen.

Als wesentliche Mittel zur Geringhaltung dieser Querverspannungen kommen in Betracht: die Schweißfolge, die Schweißausführung und weiterhin ebenso konstruktive und montagetechnische Bedingungen: freie Dehnlängen, Art der Spannvorrichtungen oder sonstige der Unterstützung der Schrumpfvorgänge dienende Einrichtungen. Während durch die Schweißausführung und besonders durch die Schweißfolge die Verspannungen klein gehalten werden können mittels möglichst gleich großer und gleichzeitig vor sich gehender Schrumpfungsvorgänge in den Gurtnähten und in der Stegnaht, können die Montagebedingungen und hier besonders die angeordneten freien Dehnlängen bewirken, daß sich die Verspannungen auch bei stärkeren Schrumpfungsunterschieden in mäßigen Grenzen bewegen.

Außer dieser gegenseitigen Querverspannung unterliegen besonders die dicken Gurtplattennähte infolge des allmählich erfolgenden Nahtaufbaues mehr oder weniger starken Verkrümmungswirkungen und entsprechenden Biegespannungen, dies um so mehr, weil diese Nähte in den meisten Fällen zur Vermeidung von umfangreichen Überkopfschweißungen als U-Nähte ausgebildet werden. Die hinsichtlich der Verkrümmungswirkung sehr verschiedenen Feststellungen im Verlauf der Untersuchung veranlaßten, gerade diesen Erscheinungen immer stärkere Aufmerksamkeit zu schenken. Als ein wesentlicher Faktor hierfür ist aus Untersuchungen an nicht eingespannten dickeren Blechen die Art der Schweißausführung: Lagenaufbau, Lagenzahl und Drahtdurchmesser bekannt, wozu als weiterer Faktor von Einfluß die Schweißzeit treten dürfte und im Zusammenhang damit die Abkühlungsbedingungen der Nähte während der Herstellung, in den Grenzfällen gekennzeichnet durch kontinuierliches Schweißen der ganzen Naht einerseits und durch Schweißen mit Abkühlungspausen nach jeder Schweißlage andererseits. Da sich in bezug auf die erstgenannten Bedingungen bei den Stahlbaufirmen recht gleichmäßige Gepflogenheiten entwickelt haben und auch besonders abweichende Bedingungen dieser Art bei den Untersuchungen nicht festgestellt werden konnten, konnten diese hierzu keinen wesentlichen Beitrag liefern. Sie lenkten aber die Aufmerksamkeit in hohem Maße auf die Bedeutung von Abkühlungspausen bei der Gurtnahtschweißung für die eintretenden Verkrümmungserscheinungen und Biegespannungen und auf weitere wichtige, besonders für die Gurtnahtschweißung von Trägern in Betracht kommenden Bedingungen, die besonders durch die Montageverhältnisse — freie Dehnlängen und Art der Spannvorrichtungen — und aber auch durch die angewendete Schweißfolge für Gurt- und Stegnähte — d. h. genauer durch die Größe der Verspannung zwischen Steg- und Gurtnähten — gegeben zu sein scheinen.

Die bei großen Brückenträgern recht langen Stehblechnähte unterliegen außer der von den Gurtnähten ausgehenden Querverspannung einer weiteren Querverspannung infolge der nacheinander vor sich gehenden Einschmelzung über die Nahtlänge, deren Wirkung bei der verhältnismäßig großen Zeitdauer für Stehnähte verstärkt sein dürfte. Von besonderem Einfluß für diese Verspannungswirkung ist der Schweißweg anzusehen. Auch über diese Verspannungswirkung war aus den Untersuchungen ein Aufschluß zu erwarten.

Nicht erfaßt werden konnten, wie bereits ausgeführt wurde, die Schweißspannungsverhältnisse in den Nähten selbst. Während zwar die in Nahtnähe ausgeführten Messungen hinsichtlich der in den Nähten wirkenden Querspannungen Schlüsse und sogar zum Teil sehr genaue Schlüsse zulassen, konnten diese Messungen nichts über die Nahtlängsspannungen ergeben. Diese Spannungen, die bei einer allgemeinen Behandlung der Schweißspannungsfrage durchaus nicht unbeachtet bleiben dürfen, können aber als nahezu unabhängig von den hier vorwiegend betrachteten Herstellungsbedingungen, nämlich den Montagebedingungen und der Schweißfolge angesehen werden. Ihre Größe ist hauptsächlich bedingt durch die Schweißausführung in den einzelnen Nähten — ein Gebiet, das hier im allgemeinen nicht behandelt werden kann. Zwar kann die Schweißausführung andererseits die Querverspannungen beeinflussen, jedoch waren bei den untersuchten Brückenschweißungen die Unterschiede in dieser Hinsicht nicht derartige, daß das Urteil über die Auswirkung der genannten Herstellungsbedingungen hierdurch gefährdet werden könnte.

In der Regel wird man den Querspannungen aus Festigkeitsgründen stärkere Aufmerksamkeit schenken müssen als den Nahtlängsspannungen. Die Betriebe haben sich auch zur Vermeidung des Aufreißens der Nähte hauptsächlich auf eine Geringhaltung dieser Querspannungen abgestellt — zum Teil nicht immer zum Vorteil, da der zur Geringhaltung dieser Spannungen befolgte Grundsatz der Beschränkung der Wärmezufuhr bei zu weitgehender Durchführung zu werkstofflichen Schädigungen und auch zu gefährlich hohen Längsspannungen besonders bei festeren Stählen wie dem Baustahl St 52 führen kann. In der Schweißausführung müssen deshalb hinsichtlich der zugeführten Wärmemenge gewisse Minimalanforderungen je nach den Masseverhältnissen erfüllt sein, durch die zwangsläufig eine größere Querverspannung eintritt, als es bei weitgehender Beschränkung der Wärmezufuhr zur Herabsetzung dieser der Fall sein würde. Es stehen jedoch dem Hersteller, wie die Ergebnisse dieser Untersuchungen zeigten, in den hier besonders ins Auge gefaßten Arbeitsbedingungen sehr wirksame Hilfsmittel zur Verfügung, um auch bei dem mit der Stahlzusammensetzung und mit der Masse steigenden Bedarf an Wärmezufuhr befriedigende Querspannungsverhältnisse zu erreichen.

Unter Voraussetzung einer Schweißausführung, die in werkstofflicher Hinsicht und in bezug auf die Nahtlängsspannungen befriedigende Verhältnisse gewährleistet, sind die in der Hauptkraftrichtung des Trägers wirkenden Querspannungen der Stoßnähte nach den Erkenntnissen über die Bruchgefahr bei mehrachsigen Spannungszuständen von besonderer Bedeutung. Nach diesen wohlbelegten Hypothesen besteht eine Fließbehinderung, entsprechung einer Behinderung eines automatischen Abbaues der inneren Spannungen, und die Gefahr des verformungslosen Bruches um so stärker, je geringer der Unterschied in den Hauptspannungen ist. In den Stoßnähten ist ein innerer Spannungszustand vorhanden, der sich aus den immer hohen Nahtlängsspannungen (Zugspannungen), den in der Hauptkraftrichtung des Trägers wirkenden Querspannungen und zumindest bei den dickeren Gurtnähten aus senkrecht zur Naht wirkenden Spannungen in der dritten Hauptrichtung zusammensetzt. In den bei Betriebsbeanspruchung gezogenen Stoßnähten bewirkt dies eine Verminderung der anfänglichen Hauptspannungsdifferenz und damit erhöhte Bruchgefahr. Die Forderung der Geringhaltung der Querspannungen der Stoßnähte läßt sich daher aus den allgemeinen Festigkeitserkenntnissen wohl begründen.

III. Untersuchte Bauwerke, Stöße und Schweißungen.

A. Bauwerke und konstruktive Herstellungsbedingungen.

Da zunächst keinerlei Untersuchungen ähnlicher Art vorlagen, wurden zu Beginn auf Mitteilung der zuständigen Direktionen der Reichsautobahnen an das Staatliche Materialprüfungsamt Messungen an jedem gemeldeten Bauwerk ausgeführt, ohne daß die Untersuchung von einer speziellen Planung in bezug auf Stoßausbildung, Trägerabmessungen usw. abhängig gemacht werden konnte. Später wurde von der untersuchenden Stelle eine Auswahl in der Richtung getroffen, daß besonders Untersuchungen an dickeren

Gurtprofilen, an schräg angeordneten Gurtstößen und an solchen Bauwerken vorgesehen wurden, bei denen irgendwelche wesentliche Abweichungen gegenüber den bereits untersuchten Verhältnissen vorzuliegen schienen.

Bei Beginn der Untersuchungen war es auch noch durchaus ungewiß, ob sich in den festzustellenden Spannungsverhältnissen auch bei gleichen Herstellungsbedingungen in bezug auf Stoßausbildung und Schweißausführung eine qualitative Übereinstimmung ergeben würde. Deshalb mußten zuerst an jedem Bauwerk eine größere Zahl von gleichartigen Stößen untersucht werden. Es zeigte sich nach den Messungen an den ersten beiden Bauwerken, an denen je 6 Stöße untersucht wurden, daß mit guter qualitativer Übereinstimmung für gleich ausgebildete und hergestellte Stöße gerechnet werden konnte. In weiteren Untersuchungen wurden deshalb nur noch Messungen an jeweils 2 Stößen ausgeführt und sogar später, nachdem sich gezeigt hatte, daß das wesentlichste schon aus den Spannungsverhältnissen eines einzigen Stoßes abzulesen war, zur Kosten- und Zeitersparnis nur noch Messungen an einem Stoß eines Bauwerkes.

Die Träger der Bauwerke waren in allen Fällen durchlaufende Träger über mehreren Stützen. Die Schließung der Baustöße wurde in den meisten Fällen unter solchen Rüstungsverhältnissen vorgenommen, daß die Querschnitte am Stoß vor und nach der Schließung frei von äußeren Momenten durch Änderung der statischen Verhältnisse waren. Soweit hiergegenüber Abweichungen eintraten, ist es aus den Meßergebnissen oder aus den weiteren Ausführungen zu entnehmen.

Die folgende Aufstellung enthält Angaben über die statischen Systeme, Stützweiten und Lage der untersuchten Stöße.

Bauwerk 1 Rüdersdorf. Untersucht wurden Stöße des Bauwerks 119a (Süd) und des Bauwerks 119d. Die aus 4 Hauptträgern (A, B, C, D) gebildeten Fahrbahnen hatten durchlaufende Vollwandträger von $47,0 + 5 \times 61,2 + 47,0$ m Stützweite für das Bauwerk 119a und von $53,3 + 2 \times 66,7 + 53,3$ m Stützweite für 119d. Untersucht wurden die in einem 61,2-m-Feld angeordneten Stöße A_{17}, B_{17}, A_{18} und B_{18} des einen Bauwerks und der in einem 66,7-m-Feld gelegene Stoß A_4 und der in einem Endfeld angeordnete Stoß B_6 des Bauwerks 119d. A_{17} und B_{17} lagen 15,5 m vom Pfeiler entfernt (Mitte Stegnaht), A_{18} und B_{18} 12,8 m vom anderen Pfeiler des gleichen Feldes. Der Stoß A_4 lag 15,9 m von dem Mittelpfeiler des Bauwerks 119d entfernt und B_6 17,4 m von dem ersten Pfeilerauflager.

Bauwerk 2 Dehmsee. Die Dehmseebrücke hat 10 durchlaufende, vollwandige Hauptträger mit $39,65 + 55,3 + 39,65$ m Stützweite. Je 2 Hauptträger wurden, durch Querträger und Windverbände miteinander verbunden, in Längen von rd. 27 m auf der Baustelle angeliefert. Die Baustöße der Endfelder liegen in $1/3$ der Stützweite vom Strompfeiler entfernt, die beiden im Mittelfeld angeordneten Baustöße jedes Trägers in $1/4$ der Stützweite. Untersucht wurden 2 Stöße der Endfelder: V_1, VI_1 und 4 Stöße des Mittelfeldes: V_2, VI_2, V_3 und VI_3.

Bauwerk 3 Bober. Die Hauptträger der Brücke über den Bober bei Groß-Gollnisch bestehen aus durchlaufenden Vollwandträgern von $3 \times 57,4$ m Stützweite. Untersucht wurden die in einem Abstand von 11,18 m von den Endauflagern (bezogen auf die Stegblechnaht) angeordneten Stöße A_6 und B_6 der beiden Hauptträger A und B der einen, zunächst ausgeführten Fahrbahn.

Bauwerk 4 Hökendorf. Die Hauptträger für die beiden Fahrbahnen des Talbauwerks Hökendorf bestehen aus je zwei durchlaufenden Vollwandträgern A, B und C, D von $6 \times 40,0$ m Stützweite. Untersucht wurden die in der zweiten Öffnung in 9 m Abstand (bezogen auf die Stegblechnaht) von der nach der Mitte des Bauwerks zu gelegenen Pfeilerreihe angeordneten Stöße C_9 und D_9 der Träger C und D.

Bauwerk 5 Queis. Die Brücke ist ein über drei Stützen durchlaufender Balken mit 3 Hauptträgern für eine Fahrbahn. Die Gesamtlänge beträgt 89,0 m. Die geschweißten Vollwandträger erhalten in jedem der beiden Felder einen Baustellenstoß, der in dem nach der mittleren Stütze zu gelegenen Drittelpunkt jeder Feldweite angeordnet ist. Untersucht wurden die Spannungsverhältnisse an einem der Baustellenstöße des mittleren Hauptträgers.

Bauwerk 6 Sprottetal. Die Hauptträger für die beiden Fahrbahnen bestehen aus je zwei durchlaufenden Vollwandträgern. Die Stützweiten betragen $25{,}0 + 30{,}0 + 35{,}0 + 35{,}0 + 30{,}0 + 25{,}0$ m. Untersucht wurde einer der Baustöße des 35-m-Feldes eines äußeren Hauptträgers. Der Stoß (Mitte Gurtnaht) war in einer Entfernung von 5,80 m von dem nach dem Ende zu gelegenen Pfeiler angeordnet.

Bauwerk 7 Lübeck-Eutin. Die Hauptträger der Brücke über die Lübeck-Eutiner Eisenbahn bestehen aus durchlaufenden Vollwandträgern. Die Brücke liegt in einer Kurve

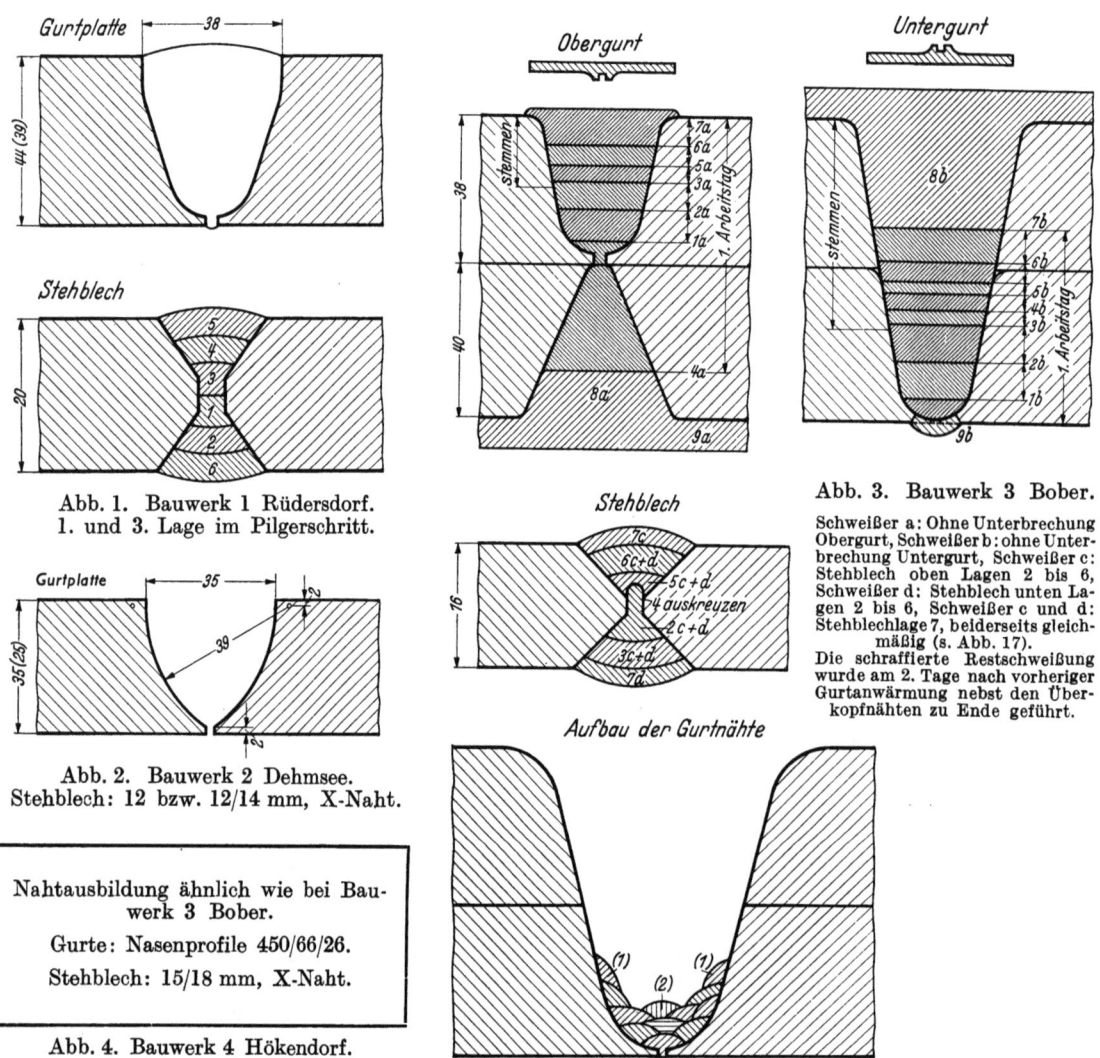

Abb. 1. Bauwerk 1 Rüdersdorf.
1. und 3. Lage im Pilgerschritt.

Abb. 2. Bauwerk 2 Dehmsee.
Stehblech: 12 bzw. 12/14 mm, X-Naht.

Nahtausbildung ähnlich wie bei Bauwerk 3 Bober.
Gurte: Nasenprofile 450/66/26.
Stehblech: 15/18 mm, X-Naht.

Abb. 4. Bauwerk 4 Hökendorf.

Abb. 3. Bauwerk 3 Bober.
Schweißer a: Ohne Unterbrechung Obergurt, Schweißer b: ohne Unterbrechung Untergurt, Schweißer c: Stehblech oben Lagen 2 bis 6, Schweißer d: Stehblech unten Lagen 2 bis 6, Schweißer c und d: Stehblechlage 7, beiderseits gleichmäßig (s. Abb. 17).
Die schraffierte Restschweißung wurde am 2. Tage nach vorheriger Gurtanwärmung nebst den Überkopfnähten zu Ende geführt.

Abb. 1 bis 8. Nahtformen und Nahtaufbau.

der Autobahn; die Achse des Bauwerks ist mit einem Halbmesser von 800 m gekrümmt; die Hauptträger folgen der Krümmung. Die Stützweiten des inneren Hauptträgers sind $2 \times 31{,}457$ m, die des äußeren Hauptträgers $2 \times 31{,}976$ m. Untersucht wurden die beiden Baustellenstöße des äußeren Hauptträgers, die in einem Abstand von 10,65 m (bezogen auf die Stehblechnaht) von der Mittelstütze angeordnet sind.

Bauwerk 8 Klodnitztal. Die vollwandigen Brückenträger sind über 8 Felder ($27{,}0 + 3 \times 30{,}0 + 36{,}0 + 2 \times 30{,}0 + 27{,}0$ m) durchlaufende Balken, die an den Zwischenpunkten auf Pendelrahmen gelagert sind. In jedem der 30,0-m-Felder ist ein Baustellenstumpfstoß für jeden der 4 Hauptträger in einem Abstand von 5,1 m von dem mehr nach den Endauflagern zu gelegenen Pendelauflager angeordnet. Im 36-m-Feld befinden sich symmetrisch

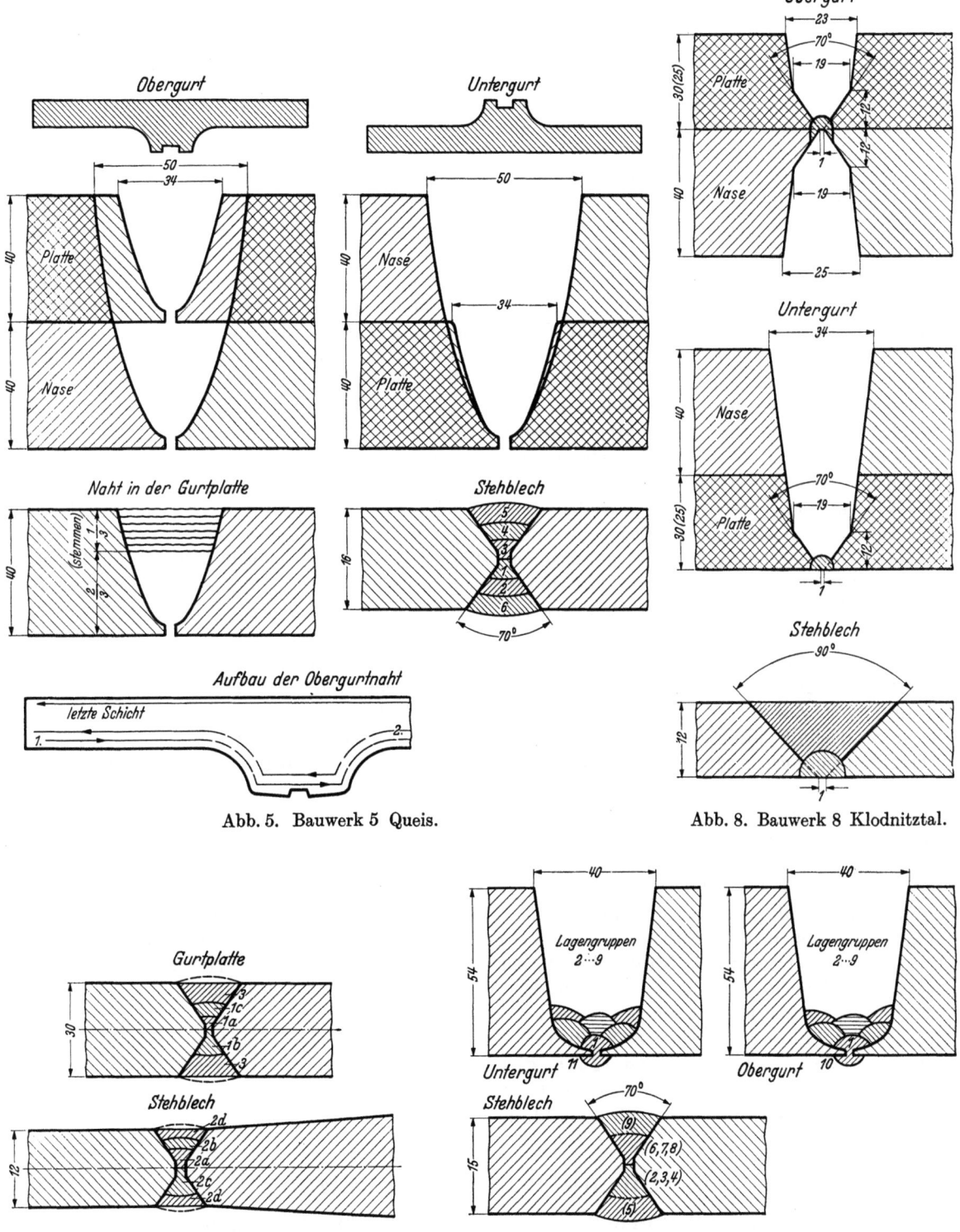

Abb. 5. Bauwerk 5 Queis.

Abb. 8. Bauwerk 8 Klodnitztal.

Abb. 6. Bauwerk 6 Sprottetal.

Die Zahlen geben die Schweißfolge für die Lagen bzw. Lagengruppen der Stegnaht und der Gurtnähte an.

Abb. 7. Bauwerk 7 Lübeck-Eutin.

Die Zahlen geben die Schweißfolge für die Lagen bzw. Lagengruppen der Stegnaht und der Gurtnähte an. Für die Stegnaht s. auch Abb. 19. Gurtnähte von einem abwechselnd oben und unten arbeitenden Schweißer hergestellt.

zur Mitte 2 Baustellenstöße, die ebenfalls 5,1 m von den Pendellagern entfernt sind. Untersucht wurden die Spannungsverhältnisse in 2 Stößen, und zwar an dem zwischen den Pendellagern G und H des äußeren nach Gleiwitz zu gelegenen Hauptträgers a—b und an dem zwischen den Pendellagern F und G gelegenen inneren Hauptträgers c—d.

Von den konstruktiven Herstellungsbedingungen erscheinen für die Verspannungsverhältnisse von Bedeutung: Abmessungen der Träger, Profilart, Querschnitte, Nahtart, Stoßanordnung und die freien Dehnlängen im Stoßbereich, die durch die Länge der auf der Baustelle zu schweißenden Halsnahtabschnitte gegeben sind. Wesentliche Angaben hierüber für alle Bauwerke enthält die Tafel I. Diese zeigt, daß sich die Untersuchung auf Träger verschiedenster Größenverhältnisse, auf die wichtigsten Gurtprofilarten (mit Ausnahme des Krupp-ST-Profils) bei verschiedenen Plattendicken, auf U- und X-Nähte für die Gurtnähte und auf stark wechselnde Dehnlängen erstreckte. Eine strenge Systematik in diesen Herstellungsbedingungen konnte, da die konstruktive Durchbildung naturgemäß ganz unabhängig von diesen Untersuchungen erfolgt war, nicht erreicht werden, da mit der Änderung einer dieser Bedingungen in der Regel sich auch die anderen änderten. Besonders hinzuweisen ist auf die bei den einzelnen Firmen sehr verschiedenen Gepflogenheiten hinsichtlich der Stoßanordnung, des Maßes der Gurtstoßversetzung gegen den Stegblechstoß und der für zweckmäßig angesehenen offenen Halsnahtlängen. Die Unterschiede sprechen dafür, daß sich hier noch keine einheitlichen Anschauungen auf Grund von Erfahrungen entwickelt haben.

Als ein die Verspannungsverhältnisse maßgeblich beeinflussender Umstand erscheint von vornherein die für die Stoßschweißung offen gehaltene Dehnlänge. Während in den meisten Fällen dieses Maß etwa zwischen 1000 und 1500 mm gewählt wurde, fällt die geringe Dehnlänge von 750 mm bei den schweren Trägern der Rüdersdorfer Brücke auf, während bei dem Hökendorfer Bauwerk mit verhältnismäßig schwachen Trägern die große Dehnlänge von 3000 mm gewählt wurde. Bei der Dehmseebrücke war das ebenfalls recht große Maß von 2000 mm wohl zum Teil durch das hier angewendete Sonderverfahren bedingt. Bei der Lübeck-Eutiner Brücke sind sogar im Ober- und Untergurt sehr verschiedene Dehnlängen gewählt worden. Auf die großen Unterschiede in den Dehnlängen wird besonders deshalb hingewiesen, weil einige Ergebnisse darauf hinzuweisen scheinen, daß diese Bedingungen nicht unerheblich für die Verkrümmungsverhältnisse in den Gurtplattenstößen sind.

Eine Darstellung der konstruktiven Stoßverhältnisse ist in den späteren Darstellungen der Querverspannungsverhältnisse zwischen Steg und Gurtung (Abb. 26 bis 33) gegeben.

Zu den konstruktiven Herstellungsbedingungen ist auch die angewendete Nahtart zu zählen. Für die Gurtplattennähte wurde in fast allen Fällen die U-Naht gewählt. Eine Ausnahme wurde bei den 30 mm dicken Dörnen-Wulstprofilen der Sprottetalbrücke gemacht, bei denen diese Nähte als X-Nähte hergestellt und zur Hälfte überkopf geschweißt wurden. Die Obergurt-U-Nähte der Boberbrücke, des Hökendorfer Bauwerks und der Klodnitztalbrücke wurden im Bereich der Nase als Doppel-U-Nähte ausgebildet, so daß der Nasenteil überkopf geschweißt werden mußte.

Die Stegnähte wurden als X-Nähte mit einem Öffnungswinkel von etwa 70° hergestellt; eine Ausnahme bestand bei den 12 mm dicken Stegnähten der Klodnitztalbrücke, bei der die ausführende Firma eine V-Naht mit 90° Öffnungswinkel wählte.

Das Wichtigste über die Nahtausbildung zeigen die Abb. 1 bis 8.

B. Hilfsmittel zur Unterstützung der Schrumpfung und Spannvorrichtungen.

Außer der Verspannung zwischen Stehblech und Gurtung können beim Schließen von Baustößen bei starrer Lagerung der zu verschweißenden Träger in der Längsrichtung, eventuell auch bei beiderseitig anschließenden längeren Trägerfeldern Behinderungen eintreten, die sich für den Stoß als äußere Lasten auswirken. Entgegenwirkende Maßnahmen hierfür sind eine zweckmäßige Reihenfolge bei der Schweißung der Baustöße eines Trägers, möglichst längsbewegliche Lagerung wenigstens des nach einer Seite anschließenden Trägerabschnittes und, falls erforderlich erscheinend, Anspannvorrichtungen zur Unterstützung der Schrumpfbewegungen. Diese Maßnahmen haben vor allem Bedeutung bei der Schweißung der besonders rißgefährdeten Wurzellagen. Beim Fortschreiten der Schweißarbeiten werden die Schrumpfkräfte so groß, daß sie bei in dieser Hinsicht einigermaßen zweckentsprechenden Bedingungen die Hemmungen dieser Art überwinden, so daß in den fertiggeschweißten Baustößen Kraftäußerungen dieser Art nicht mehr festzustellen sind. Bei den ausgeführten Untersuchungen wurden in keinem Fall Feststellungen gemacht, die auf Längskräfte infolge einer solchen Behinderung hinweisen.

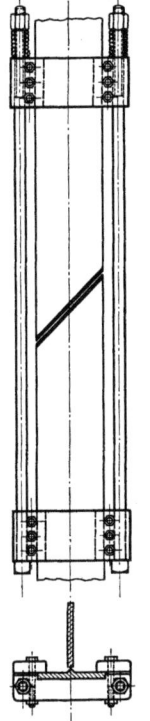

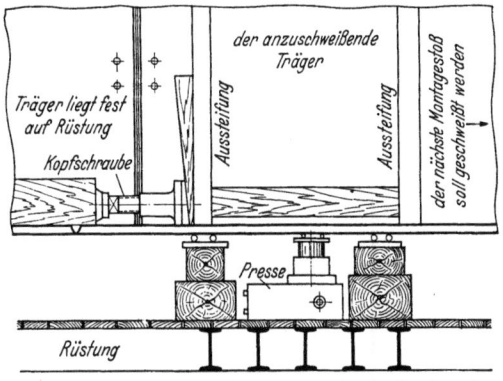

Abb. 9. Spannfedern bei der Dehmseebrücke.

Abb. 10. Andrückvorrichtung bei der Boberbrücke.

Abb. 9 und 10. Vorrichtungen zur Unterstützung der Schrumpfung.

Die Werke wendeten in den meisten Fällen Rollenlagerung der anzuschweißenden Trägerabschnitte an, soweit nicht wie bei der Klodnitztalbrücke eine Längsbeweglichkeit durch die Auflagerung auf den Pendelrahmen von vornherein gewährt war. Bei der Queisbrücke wurde eine Lagerung der Träger auf Böcken ohne Rollen für ausreichend angesehen. Bei einigen Bauwerken wurde die Schrumpfbewegung durch besondere Maßnahmen unterstützt. Die bei der Dehmseebrücke benutzte Vorrichtung zeigt Abb. 9 und die bei der Boberbrücke verwendete Andrückvorrichtung und Lagerung Abb. 10. Bei dem Bauwerk über die Lübeck-Eutiner Eisenbahn wurde das anzuschweißende und auf Rollen gelagerte Trägerstück mit Winden gegen den festliegenden Trägerteil gedrückt, ebenso bei den Rüdersdorfer Bauwerken bei Anschluß größerer Montagelängen. Eine Übersicht über die Maßnahmen zur Unterstützung der Schrumpfung gibt nachstehende Zusammenstellung:

Hilfsvorrichtungen zur Unterstützung der Schrumpfung.

Bauwerk 1 Rüdersdorf: Anzuschweißender Träger auf Rollen gelagert; bei den Schlußstößen A_{18} und B_{18} (Anschluß von 200 m Montagelängen) Andrücken durch Winden.

Bauwerk 2 Dehmsee: Anzuschweißender Träger auf Rollen gelagert; Anspannfedern von je 2,5 t Zugkraft nach Abb. 9.

Bauwerk 3 Bober: Anzuschweißender Träger auf Rollen gelagert; Andrückvorrichtung nach Abb. 10.

Bauwerk 4 Hökendorf: Träger auf Rollen gelagert.

Bauwerk 5 Queis: Träger auf Böcken ohne Rollen gelagert.

Bauwerk 6 Sprottetal: Träger auf Rollen über den Pfeilerauflagern abgestützt, durch Kettenzüge gegeneinander gedrückt.

Bauwerk 7 Lübeck-Eutin: Anzuschweißender Träger auf Rollen gelagert, mit Winden gegen den Anschlußträger gedrückt.

Bauwerk 8 Klodnitztal: Träger auf den Pendelrahmen gelagert.

Zur Vermeidung von Verkrümmungen werden bei solchen Schweißarbeiten ganz allgemein Spannvorrichtungen angewendet. Sie müssen so ausgebildet sein, daß sie der

Längsschrumpfung möglichst keinen Widerstand entgegensetzen, aber die Verkrümmungen weitgehend verhindern. Bei der sehr starken Verkrümmungsneigung besonders der dicken Gurtnähte müssen diese Klemmvorrichtungen sehr fest ausgebildet werden. Die hierdurch entstehende Schrumpfbehinderung könnte sich zwar in hohen Verkrümmungsspannungen auswirken. Es hat sich aber auch in diesen Untersuchungen gezeigt, daß auch bei sehr wirksamen Klemmvorrichtungen bei zweckentsprechendem Nahtaufbau und Anwendung zusätzlicher Maßnahmen wie des Stemmens befriedigende Spannungsverhältnisse zu erreichen sind. Einige kennzeichnende Klemmvorrichtungen zeigen die Abb. 11 bis 15. Einzelheiten über die Lagerung, Klemmvorrichtungen und zusätzliche Maßnahmen sind in der folgenden Aufstellung angegeben:

Bauwerk 1 Rüdersdorf. Die zu verbindenden Träger wurden auf Rollen gelagert und an den Stoßstellen durch Hilfseinrichtungen gegenseitig festgelegt. Auf die Stegstöße wurden von der einen Seite ein den Stoß deckendes [-Profil, von der anderen Seite Winkel angeschraubt. Ober- und Untergurt wurde durch Anker, U-Traversen und untergezogene I-Träger miteinander verspannt (Abb. 11).

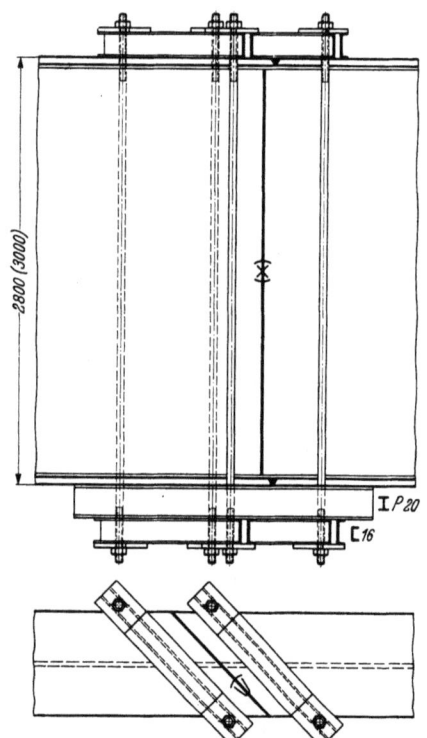
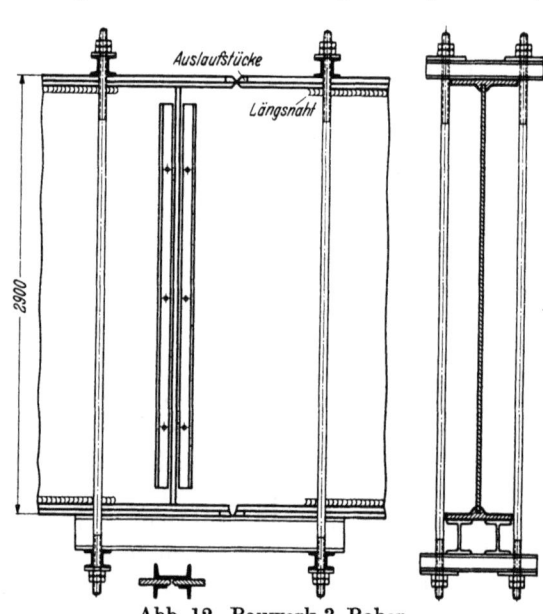

Abb. 11. Bauwerk 1 Rüdersdorf.   Abb. 12. Bauwerk 3 Bober.

Abb. 11 bis 15. Spannvorrichtungen.

Bauwerk 2 Dehmsee. Die zu verbindenden Trägerjoche wurden auf Rollen gelagert. Um bei Beginn der Stoßschweißung den geringen Querschnitt des Schweißgutes von der Auswirkung des Schrumpfens zu entlasten, wurden an den Gurten je 2 Spannfedern mit je etwa 2,5 t Zugkraft angebracht (Abb. 9). Besondere Vorrichtungen dienten der bei der Schweißung dieser Stöße angewendeten künstlichen Vorkrümmung (s. Abschnitt Schweißfolge).

Bauwerk 3 Bober. Die zu stoßenden Trägerteile wurden auf Stahlrollen gelagert und mittels Winde unter Druck gesetzt (Abb. 10). Die Stegblechstöße wurden vor dem Schweißen mit von einer Seite aufgelegten [30 verschraubt; auf der Schweißseite lagen zwei Winkel parallel zur Naht. Die Gurte wurden durch normale Klemmvorrichtungen gegeneinander verspannt (Abb. 12).

Bauwerk 4 Hökendorf. Die Stegbleche der zu stoßenden Trägerenden wurden auf einer Seite durch eine durchgehende Fensterlasche, auf der anderen Seite durch zwei längs den oberen und unteren Kanten der Fensterlasche liegende kurze Hilfswinkel miteinander verschraubt. Außerdem wurden die Gurtplatten durch 3 Traversenklemmen gegeneinander verspannt.

Bauwerk 5 Queis. Bei Beginn der Schweißarbeiten war der Träger auf Böcken ohne Rollen abgesetzt. Ober- und Untergurtlamelle waren im Stoßbereich fest gegeneinander verspannt (Abb. 13). Der Obergurtstoß war durch einen Druckstempel, der Untergurtstoß durch drei untergezogene Schienen gegen Verkrümmungen gesichert. Größere Ver-

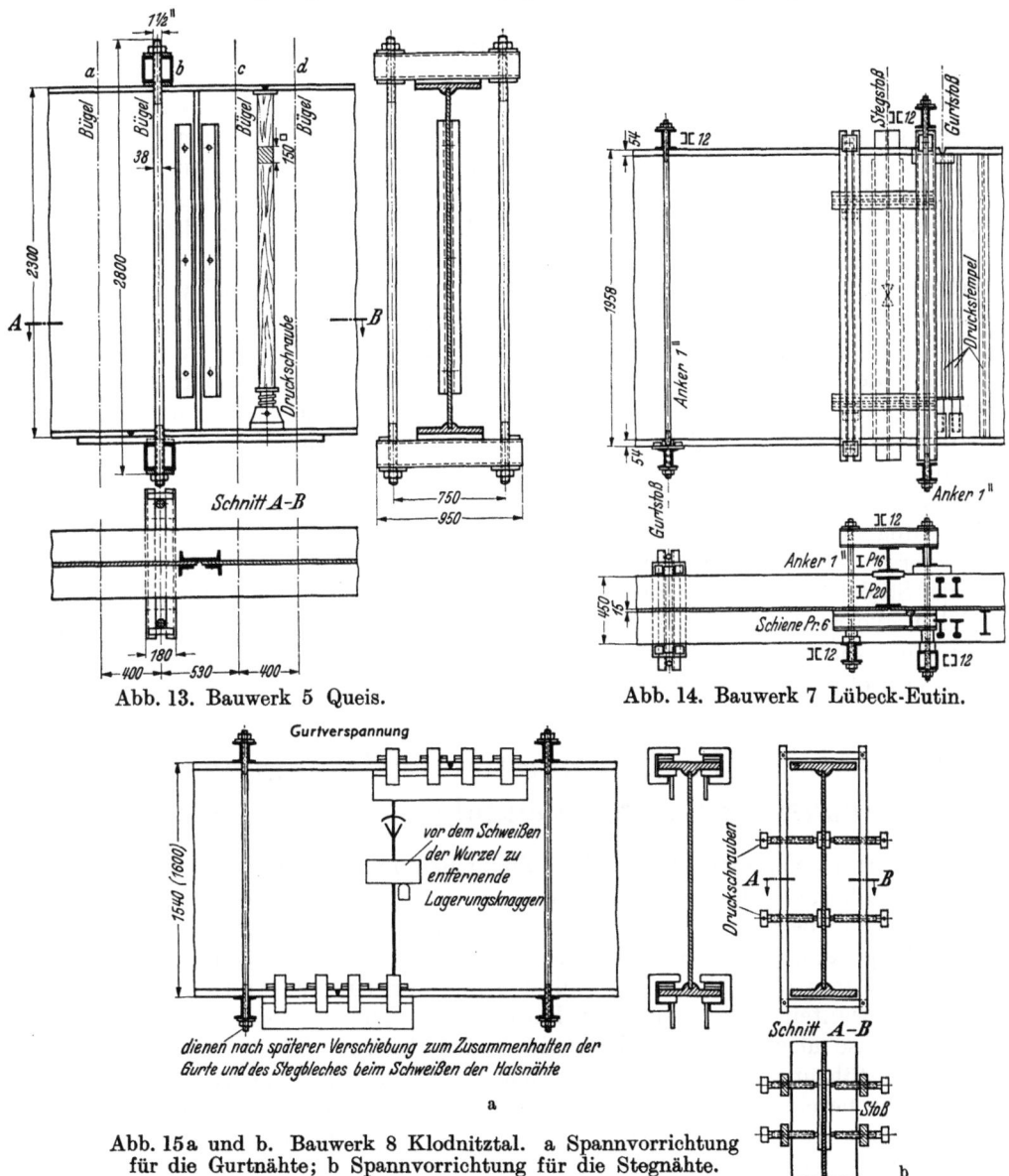

Abb. 13. Bauwerk 5 Queis.   Abb. 14. Bauwerk 7 Lübeck-Eutin.

Abb. 15a und b. Bauwerk 8 Klodnitztal. a Spannvorrichtung für die Gurtnähte; b Spannvorrichtung für die Stegnähte.

krümmungen im Bereich der Stegblechnaht sollten durch eine aus [- und L-Profilen bestehende Verspannung vermieden werden.

Bauwerk 6 Sprottetal. Der anzuschweißende Träger war über dem Pfeilerauflager durch Rollen abgestützt. Das zu stoßende, von diesem Auflager rd. 29 m (im 35-m-Feld) entfernte Trägerende war durch eine Hängevorrichtung gegen das rd. 6 m vorkragende Ende des Anschlußträgers abgestützt. Der Untergurt des anzuschweißenden Trägers war mit Winkeln und Schrauben an der Hängevorrichtung befestigt. Die Obergurtenden der zu verschweißenden Hauptträger wurden durch aufgeklemmte Winkel gegeneinander gehalten. Diese Klemmvorrichtung wurde ebenso wie die Befestigung auf der Hängevorrichtung nach Einbringen der Heftlage gelöst. Spannvorrichtungen zur Verhinderung der Gurtverkrümmungen wurden nicht angewendet.

Bauwerk 7 Lübeck-Eutin. Die Stegbleche wurden auf der der ersten Schweißnaht gegenüberliegenden Seite durch einen Träger I P 20 in der Trägerachse festgehalten, der durch eine um den ganzen Träger herumgehende Rahmenverbindung festgehalten wurde. Von der Vorderseite wurde das Stegblech durch quer zur Schweißnaht liegende Schienen mit demselben Rahmen an den auf der Rückseite liegenden I P-Träger gedrückt. Der Höhe nach wurden die Träger im Untergurtstoß durch ein unter den Untergurt geklemmtes Lagerblech mit aufgeschweißten Nocken gehalten, ähnlich im Obergurtstoß. Mit Hilfe von Zugschrauben und Traversen wurden die Gurtenden ausgerichtet und angeklemmt (Abb. 14). Die Träger wurden dicht neben den Baustellenstößen abgeklotzt und mit einer Druckpumpe in die richtige Lage gebracht. Das anzuschweißende Trägerstück wurde auf kleinen Rollen gelagert und bei Beginn des Schweißens mit Winden gegen den festgelegten Bauteil gedrückt, während das Trägerstück, an das angeschlossen wurde, nach allen Seiten festgelegt war.

Bauwerk 8 Klodnitztal. Die auf den Pendelrahmen aufliegenden, zu verschweißenden Träger waren zunächst durch eine am Stegblech abgeschweißte Knaggenanordnung gegeneinander gestützt (Abb. 15). Die Teile am Stoß sind bei Beginn der Schweißung fast vollkommen spannungsfrei. Die Knaggenabstützung wurde im Verlauf der Schweißarbeiten entfernt. Nach Schließung der Nähte müßte bei den von der ausführenden Firma an den Pendellagern getroffenen Maßnahmen der Spannungszustand des durchlaufenden Trägers infolge Eigengewicht herrschen.

Der Gurtstoß wurde mittels einer Klemmvorrichtung (Abb. 15) fest verspannt. Während der Durchführung der Schweißarbeiten war der Träger längsbeweglich gelagert. Die angeordneten Traversen hielten mit Spannschrauben die Lamellen und das Stegblech zusammen. Nachdem die Stöße entsprechend dem Überhöhungsnetz sauber zusammengelegt waren, wurde die Klemmvorrichtung angespannt. Das Stegblech wurde mit einer besonderen Spannvorrichtung nach Abb. 15 geführt, so daß die Bleche eben lagen und beim Schweißen der V-Naht kein Verwölben der Bleche eintreten konnte.

C. Schweißtechnische Herstellungsbedingungen: Schweißausführung, Schweißfolge und Schweißweg.

Neben den erörterten konstruktiven Herstellungsbedingungen sind für die Spannungsverhältnisse ausschlaggebend: Schweißausführung und Schweißfolge. Hinsichtlich der ersteren haben sich in bezug auf Drahtdurchmesser, Lagenzahl und Art des Nahtaufbaues für die Schweißung derartiger Nähte schon recht gleichmäßige Gepflogenheiten entwickelt. Die Unterschiede waren nicht derartige, daß sich aus den Untersuchungen in Anbetracht der zahlreichen Varianten in konstruktiver Hinsicht und auch in bezug auf die Schweißfolge sichere Schlüsse über dieses Einflußgebiet ziehen lassen.

Die Schweißausführung wird in gewisser Richtung schon durch die gewählte Nahtform festgelegt, über die bereits an früherer Stelle gesprochen worden ist. Die Anwendung von Nahtformen, die mit Ausnahme der rückwärtigen Wurzelverschweißung, eine Schweißung von oben gestatten, erlaubt im allgemeinen durchgehende Verwendung von dickeren Schweißdrähten als die im anderen Fall notwendige Überkopfschweißung wesentlicher Teile der Obergurtnähte oder wie im Fall der Sprottetalbrücke auch der Untergurt-X-Naht. Einige Unterschiede in der Schweißausführung waren also hierdurch bedingt. In allen Fällen wurden ummantelte Drähte verwendet, bei einer größeren Zahl der Bauwerke sogar die gleiche Schweißdrahtmarke. Eine wesentliche Bedeutung kann im vorliegenden Fall diesem Einflußbereich nicht beigemessen werden. In den Drahtdurchmessern wurden für die Gurtnähte hauptsächlich die Durchmesser 4 und 5 mm verwendet, für die ersten Wurzellagen, die überkopf zu schweißenden rückwärtigen Wurzellagen, die überkopf zu schweißenden Nasennähte und ebenfalls für die senkrecht zu schweißenden Stegnähte Drähte von 3,25 mm Dmr. In der Anwendung der Drähte von 3,25 mm sind bei der Schweißung der festeren Stähle gewisse werkstoffliche Gefahren begründet, worauf auch hier hingewiesen werden soll. Ohne sonstige Sicherungsmaßnahmen sollten diese Drähte geringen Durchmessers bei den festeren Stählen nicht angewendet werden. Die Schwierigkeiten der Überkopf- und Vertikalschweißung bei den üblichen Manteldrähten veranlaßt die Ausführenden zwar allgemein zur Verwendung von Schweißdrähten geringen Durchmessers; nach Auffassung des Berichterstatters sollten jedoch entweder besondere für die Überkopf- und Vertikalschweißung entwickelte Drähte größeren Durchmessers verwendet werden, oder bei Drähten so geringen Durchmessers bei festeren Stählen eine wirksame Vorwärmung angewendet werden, wie es teilweise bei der Boberbrücke bei Wiederaufnahme restlicher Schweißarbeiten an den tags vorher geschweißten Stößen geschehen ist. Für die überkopf zu schweißenden Halsnahtabschnitte im Obergurt bestehen die gleichen Bedingungen.

Für die Querschrumpfung und die Schrumpfverkrümmung ist auch die Art des Nahtaufbaues von wesentlicher Bedeutung. Bei den dünneren, in den meisten Fällen als symmetrische X-Nähte ausgeführten Stegnähten ist dieser Punkt nicht wesentlich. Der bei der Vertikalschweißung notwendige pendelnde Aufbau dieser Nähte schuf in allen Untersuchungen gleiche Vorbedingungen. Bei den Gurtnähten können diesem Einflußbereich besondere Auswirkungen zukommen. Sieht man von den durch die verschiedenen Nahtformen gegebenen Unterschieden in diesem Augenblick ab, so ließ sich bei den untersuchten Bauwerken hinsichtlich des Nahtaufbaues in den Gurtnähten eine große Gleichmäßigkeit feststellen. Diese Nähte wurden so hergestellt, daß nach Schweißung der Wurzellagen zuerst seitliche Lagen an den Nahtflanken gelegt wurden und der mittlere Teil in der so verengten Schweißfuge bis zur gleichen Höhe mit den Flankenlagen geschweißt wurde (Abb. 3), worauf die Weiterschweißung in gleicher Weise vorgenommen wurde mit Ausnahme der Decklagen, die zur Vermeidung von Kerbwirkungen vielfach in pendelnder Weise hergestellt wurden. Trotz dieser grundsätzlichen Gleichmäßigkeit können sich aus verschiedenen Gepflogenheiten, die sich im einzelnen in dieser Hinsicht bei den verschiedenen Firmen oder Schweißern entwickelt haben — Unterschiede in den Drahtdurchmessern, Unterschiede im Nahtaufbau im einzelnen, verschiedenes Volumen der einzelnen Schweißlagen usw. — Unterschiede in den Schrumpfwirkungen ergeben, die nicht ohne Einfluß für das Ergebnis sind. Derartige Unterschiede lassen sich jedoch bei einer Untersuchung wie der vorliegenden, an Bauwerken auf der Baustelle ausgeführten Untersuchung, nicht so erfassen wie bei einer eigens für diesen Zweck durchgeführten Laboratoriumsuntersuchung. In den Ergebnissen wird dieser Einflußbereich nach Auffassung des Berichterstatters im allgemeinen durch die an Parallelstößen festgestellten Unterschiede erfaßt, wenn auch in dem einen oder anderen Fall die Art der Schweißausführung einen größeren Einfluß gewonnen haben kann, worauf bei Erörterung der Ergebnisse zurückzukommen sein wird.

Bestanden für die genannten Bedingungen keine grundsätzlichen Unterschiede, so waren hinsichtlich der Abkühlungsbedingungen besonders bei den Gurtnähten sehr erhebliche Unterschiede bei den einzelnen Bauwerken festzustellen. In einigen Fällen wurde durch Verwendung einer größeren Zahl von an einem Stoß arbeitenden Schweißern eine kontinuierliche Schweißung an jeder Gurtnaht durchgeführt, während in anderen Fällen die Schweißung der Ober- und Untergurtnaht durch den gleichen Schweißer zu regelmäßigen Unterbrechungen und Zwischenabkühlungen dieser Nähte führte. Nach Auffassung des Berichterstatters haben diese Unterschiede einen ganz maßgeblichen Einfluß für die Verhältnisse in den Gurtnahtzonen gewonnen.

Neben den konstruktiven Herstellungsbedingungen ist in Anbetracht der sonst recht gleichmäßigen Schweißausführung die angewendete Schweißfolge die wesentliche Ursache für die bei den verschiedenen Bauwerken festgestellten Unterschiede. Das gilt auf jeden Fall für die Verspannung zwischen Steg und Gurtung. Für die Verkrümmungsverhältnisse kommen außerdem die oben erörterte Schweißausführung, weiterhin zusätzliche Maßnahmen wie das bei einigen Bauwerken angewendete Stemmen der Gurtnähte oder das bei der Dehmseebrücke angewendete Sonderverfahren mit künstlicher Biegeverformung der Gurt- und Stegnahtzonen in Betracht. Für die Spannungsverhältnisse in den Stegnähten erscheint in Anbetracht deren Länge außerdem der hier angewendete Schweißweg wesentlich.

Die nach vorstehenden Darlegungen wichtig erscheinenden schweißtechnischen Herstellungsbedingungen sind für alle untersuchten Bauwerke in der Tafel II zusammengestellt. Die Angaben beruhen auf den verbindlich gemachten Mitteilungen der herstellenden Firmen und sind durch Feststellungen des Personals des MPA auf Grund von eigenen Beobachtungen auf den Baustellen ergänzt. Da die mit Durchführung der Messungen beauftragten Personen nicht bei allen Bauwerken während der Schweißarbeiten an den untersuchten Stößen anwesend sein konnten, sind die Angaben bei einigen Bauwerken weniger ins einzelne gehend als bei anderen, da von den Firmen oft nur allgemein gehaltene Angaben zu erhalten waren. Die Tafel umschreibt jedoch für alle Bauwerke das für den Untersuchungszweck wesentlich Erscheinende und enthält weiterhin Unterlagen, die, wenn sie auch hier nicht weiter ausgewertet werden können, als Unterlagen für die Einzelheiten derartiger Stoßschweißungen dienen können.

Das Kennzeichnende des Arbeitsverfahrens ist in der waagerechten Spalte 1 angegeben. Grundsätzlich gleichzeitige Schweißung von Gurtnähten und Stegnaht wurde bei den Bauwerken 1, 3, 5 und 7 angewendet. Gewisse Abweichungen demgegenüber zeigen die Arbeits-

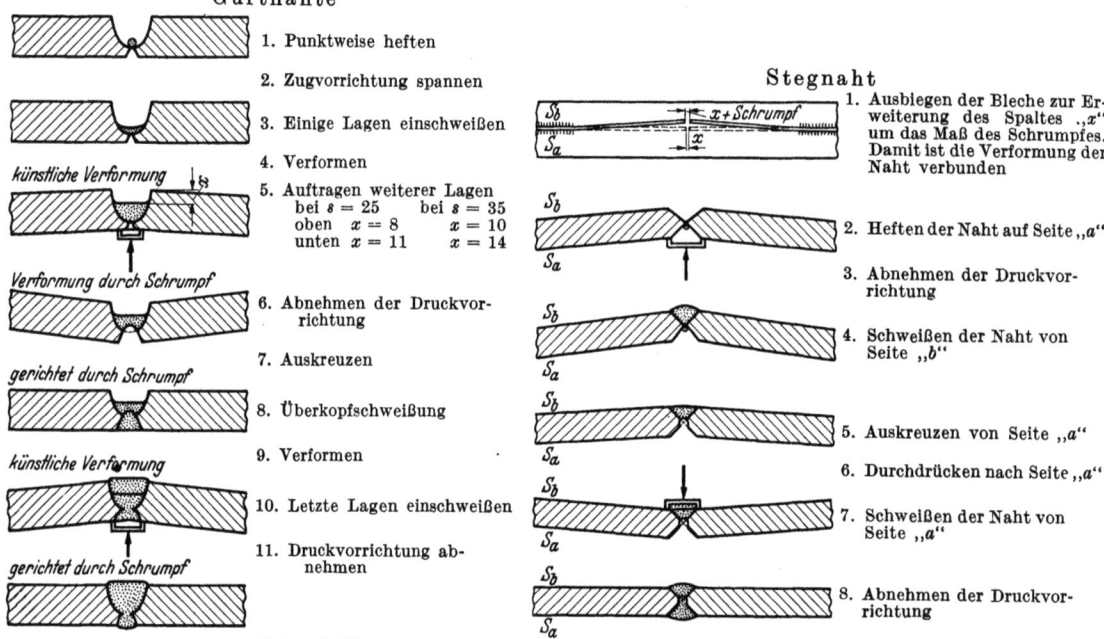

Abb. 16. Verformungsmaßnahmen bei der Dehmsee-Brücke.

verfahren bei den Bauwerken 4 und 8, wenn auch bei diesen noch das Bestreben nach gleichzeitiger Schweißung von Gurtnähten und Stegnaht zu erkennen ist. Bei Bauwerk 6 ist eine Schweißfolge angewendet, bei dem zuerst die Gurtnähte zum Teil fertiggestellt wurden, darauf die ganze Stegnaht und zum Schluß der restliche Teil der Gurtnahtschweißung ausgeführt worden ist. Eine Schweißung der Gurtnähte und der Stegnaht nacheinander wurde nur bei der Dehmseebrücke angewendet und war hier wohl durch das angewendete Sonderverfahren bedingt.

Die in der zweiten waagerechten Spalte angegebene Zahl der an einem Stoß angesetzten Schweißer zeigt für die Boberbrücke die größte Zahl der Schweißer; bei diesen Stößen wurde das Prinzip der gleichzeitigen Schweißung am weitgehendsten durchgeführt. Die angegebene Zahl der Schweißer darf nicht als Maßstab für die Schweißgeschwindigkeit gewertet werden.

Die dritte waagerechte Spalte enthält Angaben über Drahtdurchmesser und Lagenzahl. Hierbei ist im Hinblick auf die Ergebnisse darauf aufmerksam zu machen, daß die 39 und 44 mm dicken Nähte des Rüdersdorfer Bauwerkes und ebenso die 40 mm dicken Nähte der Queisbrücke in 40 Lagen geschweißt worden sind, während für die 38 mm dicken der Boberbrücke nur 25 bis 30 Lagen angewendet worden sind. Für die nur 25 und 30 mm dicken Nähte der Klodnitztalbrücke erscheint die angegebene Lagenzahl ebenfalls erheblich.

Besondere Bedeutung haben die Angaben in der vierten waagerechten Spalte, in der die allgemeinen Angaben der ersten Spalte über das Arbeitsverfahren eingehender erläutert sind. Man erkennt, daß auch bei dem grundsätzlichen Bestreben, Gurt- und Stegnähte gleichzeitig herzustellen, in der praktischen Durchführung merkliche Unterschiede bestehen. Das Prinzip gleichzeitiger Schweißung scheint am besten bei der Boberbrücke durchgeführt. Bei diesem Bauwerk schweißten je 1 Schweißer an der Obergurt-, an der Untergurt- und 2 Schweißer an der Stegnaht. Auch bei dem Bauwerk Rüdersdorf, dem Bauwerk Lübeck-Eutin und mit einiger Einschränkung auch bei der Queisbrücke ist der Grundsatz gleichzeitiger Schweißung im wesentlichen verfolgt. Bei allen Bauwerken wurde mit den stärkeren Gurtnähten begonnen; die Wurzelabstände dieser Nähte wurden in der Regel etwa 2 mm kleiner gewählt als bei den Stegnähten, deren Wurzelabstand sich bei der Schweißung der Gurtnahtwurzeln etwa um diesen Unterschied verringerte. Bei dem Hökendorfer Bauwerk ist trotz anfänglicher gleichzeitiger Schweißausführung eine spätere Beendigung der Stegnahtschweißung als der Gurtnähte festzustellen. Bei der Klodnitztalbrücke ist auf den recht stark verzögerten Beginn der Arbeiten an der Stegnaht hinzuweisen. Auch bei der Queisbrücke setzten die Arbeiten an der Stegnaht erst nach Einschmelzen von je 6 Lagen im Ober- und Untergurt, also ziemlich verzögert ein, waren aber andererseits wesentlich früher beendet als die Arbeiten an den Gurtnähten. Zeitlich vollständig getrennt wurden die Arbeiten an der Stegnaht und den Gurtnähten bei der Dehmseebrücke. Eine Zwischenlösung stellt die bei der Sprottetalbrücke verfolgte Arbeitsweise dar, bei der zuerst ein erheblicher Teil der Lagen der Gurtnähte geschweißt wurde, darauf die gesamte Stegnaht und zum Schluß die restlichen Lagen der Gurtnähte. Das Verfahren dürfte mehr einer Schweißfolge nacheinander entsprechen als einer gleichzeitigen Schweißfolge.

Besonders hingewiesen wird auf die durch die Zahl der angesetzten Schweißer mögliche kontinuierliche Schweißung der Gurtnähte bei den Bauwerken 3, 4 und 8. Es fällt auf, daß bei den starken Nähten der Bauwerke 1, 5 und 7 im Gegensatz hierzu die Zahl von nur 2 Schweißern für den ganzen Stoß als ausreichend angesehen wurde, so daß Zwischenabkühlungen der Gurtnähte unausbleiblich waren. Außer diesen wesentlichen Unterschieden zeigten sich, soweit in einigen Fällen an Ort und Stelle sichere Unterlagen über die Dauer

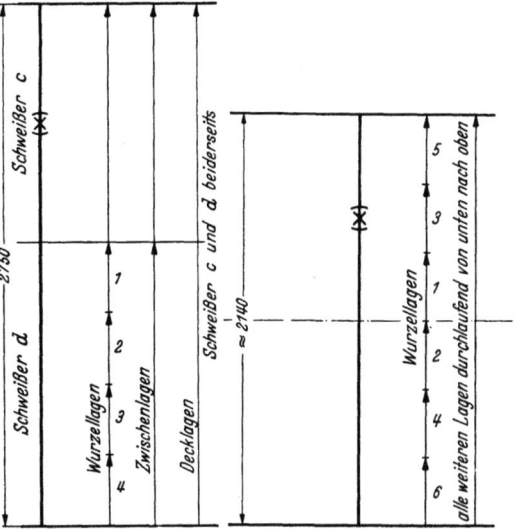

Abb. 17. Bauwerk 3 Bober. Abb. 18. Bauwerk 5 Queis.

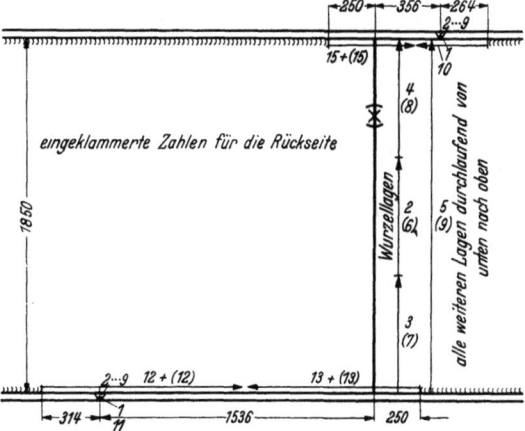

Abb. 19. Bauwerk 7 Lübeck-Eutin.

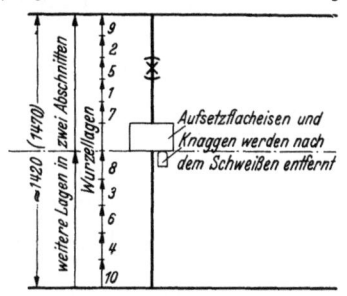

Abb. 20. Bauwerk 8 Klodnitztal.

Abb. 17 bis 20. Schweißwege.

der Stoßschweißung gewonnen werden konnten, unter Berücksichtigung von Nahtdicken und Nahtlängen keine besonders auffälligen Erscheinungen, die in dem einen oder anderen Fall auf besonders abweichende Schweißbedingungen hinweisen.

Die fünfte waagerechte Spalte enthält Angaben über den Schweißweg, wobei vor allem die Angaben für die längeren Stegnähte Beachtung verdienen. Bei den Gurtnähten werden vielfach die ersten Lagen von der Mitte nach außen gezogen, die weiteren dagegen durchgehend von einem Ende zum anderen, soweit nicht wie beim Untergurt auch diese Lagen in zwei Abschnitten, meistens von der Mitte nach außen, eingeschmolzen werden müssen. Die vertikal zu schweißenden Stegnähte werden allgemein aus schweißtechnischen Gründen von unten nach oben gezogen. Bei den einzelnen Lagen werden meistens verschiedene Schweißwege angewandt. Erläuterungen über den angewendeten Schweißweg geben die Abb. 17 bis 20. Die Wurzellagen wurden in den meisten Fällen in Abschnitten hergestellt, und zwar von der halben Höhe beginnend die untere Hälfte in der Regel im Pilgerschritt, die obere Hälfte durchlaufend in einem Zuge oder auch in Abschnitten zur Erreichung einer zur Mitte symmetrischen Nahtherstellung. Bei der Klodnitztalbrücke wurde ausnahmsweise das Sprungschrittverfahren für die Wurzellage verwendet (Abb. 20). Die Lagen über den Wurzellagen wurden in den meisten Fällen in einem Zuge durchlaufend von unten nach oben geschweißt, teilweise wurde für die zweiten Lagen wie z. B. bei der Boberbrücke eine Unterteilung in zwei Abschnitte — von der Mitte nach oben und von unten nach der Mitte — vorgenommen; bei der Klodnitztalbrücke wurden alle Lagen über der Wurzellage in dieser Weise geschweißt. Von der abschnittweisen Schweißung der Wurzellagen wurde nur bei dem Hökendorfer Bauwerk und der Sprottetalbrücke abgesehen, bei dem sämtliche Stegnahtlagen trotz der Länge von rd. 2,30 bzw. 2,0 m in einem Zuge von unten nach oben geschweißt wurden. Im allgemeinen zeigt sich hinsichtlich des Schweißweges bei diesen längeren Stehnähten bei den Firmen eine recht gleichmäßige Entwicklung.

Aus der sechsten waagerechten Spalte ist zu entnehmen, daß die Gurtstöße bei drei der untersuchten Bauwerke gestemmt worden sind. Bei den Bauwerken 3 und 5 handelt es sich um Nähte in St 52 von 38 und 40 mm Dicke, beim Bauwerk 7 um Nähte in St 37, aber einer besonders großen Dicke von 54 mm. Die Stemmung wurde nur bei den oberen Lagengruppen der Nähte vorgenommen. Am Beispiel der Boberbrücke ist in Abb. 3 der Bereich gezeigt, in dem diese Stemmung ausgeführt worden ist. Nach Auffassung des Berichterstatters ist diesen Maßnahmen eine ganz besondere Bedeutung für die Spannungs- und Verkrümmungsverhältnisse beizumessen.

Das Sonderverfahren, das bei der Dehmseebrücke angewendet worden ist, bezweckte eine Herabminderung der Schrumpfverkrümmungswirkungen in den Nähten. Das Verfahren ist an anderer Stelle[1] eingehend beschrieben, worauf unter Hinweis auf die Abb. 16, in denen die einzelnen Maßnahmen für die Gurtnähte und die Stegnaht dargestellt sind, verwiesen werden kann.

IV. Messungen und Ergebnisse.

A. Meßverfahren und allgemeine Bewertung der Meßergebnisse.

1. Meßgeräte und allgemeines über die Meßanordnung.

Zur Festellung der Spannungen wurden an den Oberflächen der Gurte und Stege außerhalb der Nahtzonen die Dehnungen mit dem Mahrschen Setzdehnungsmesser nach Siebel-Pfender auf 100 mm Meßlänge gemessen. Die durch kleine, in die Träger eingeschlagene Stahlkugeln festgelegten Meßstrecken wurden vor und nach dem Schweißen ausgemessen. Der Unterschied zwischen den beiden Messungen ergibt die durch das Schweißen erzeugte Dehnung oder Stauchung. Das Meßgerät hat eine Anzeige von 0,002 mm je Teilstrich. Da die größte Streuung von drei voneinander unabhängigen Meßgängen im allgemeinen etwa $1/2$ Teilstrich betrug, kann angenommen werden, daß die Längenänderungen der Meßstrecken auf

---

[1] Tebbe, E.: Schweißtechnische Erfahrungen beim Bau einer größeren Brücke. Elektroschweißg. Bd. 8 (1937), H. 10, S. 185—190.

$\pm 0{,}001$ mm genau bestimmt wurden. Aus den gemessenen Dehnungen ergeben sich die Spannungen zu

$$\sigma = n \cdot \frac{2 \cdot 10^{-4} \cdot 2{,}1 \cdot 10^4}{100} = n \cdot 0{,}042 \text{ kg/mm}^2,$$

wobei $n = {}^1/_{10}$ Teilstrich ist ($E = 2{,}1 \cdot 10^4$ kg/mm²).

Der Fehler der Spannungen beträgt daher $\sim \pm 0{,}20$ kg/mm². Gemessen wurden nur die Dehnungen in Richtung Trägerachse.

Am zweckmäßigsten sind bei solchen Untersuchungen Messungen möglichst unmittelbar neben den Nähten, natürlich außerhalb des Bereiches warmplastischer Verformungen. Die Montageteile zur Vornahme der Stoßschweißungen, vor allem die Spannvorrichtungen bieten jedoch für eine wirklich zweckentsprechende Meßanordnung erhebliche Schwierigkeiten. Da aus grundsätzlichen Erwägungen auf die Art der von den Firmen für eine einwandfreie Schweißung für notwendig angesehene Montageanordnung seitens der untersuchenden Stelle kein Einfluß genommen wurde, konnte in vielen Fällen die Meßanordnung nicht so gewählt werden, wie es erwünscht gewesen wäre. Die Unterschiede in der Meßstellenanordnung bei den verschiedenen Bauwerken sind hieraus erklärlich. Bei einigen Untersuchungen, bei denen die äußeren Bedingungen für die Durchführung der Messungen günstig lagen, konnten deshalb eingehendere Einblicke in die Spannungsverhältnisse gewonnen werden als bei anderen. Einige Unzulänglichkeiten, die aus den späteren Darstellungen der Ergebnisse hervorgehen werden, sind hierauf zurückzuführen.

Wie in dem einleitenden Teil ausgeführt, stand bei Beginn der Untersuchungen die Feststellung der Verspannung zwischen Stehblech und Gurtung im Vordergrund des Interesses; die Feststellungen an den Gurtplatten des zuerst untersuchten Rüdersdorfer Bauwerkes lenkten bald die Aufmerksamkeit auf die Verkrümmungsverhältnisse der Gurtplatten im Stoßbereich. Die Meßstellenanordnung wurde deshalb immer mehr in der Richtung entwickelt, daß möglichst eingehende Rückschlüsse auf die Verkrümmungsverhältnisse der Gurtstöße gezogen werden konnten. Die Anordnung mehrerer Meßquerschnitte in wechselndem Abstand von den Stößen, aus deren Ergebnissen annähernd auf den Stoß selbst geschlossen werden konnte, wurde zur Regel.

Den einwandfreiesten Aufschluß über die Verspannung zwischen Gurtung und Steg gibt der Zustand vor Schließen der Baustellen-Halsnahtabschnitte. Bei einigen Bauwerken wurden deshalb auch die Spannungsverhältnisse für diesen Zwischenzustand ermittelt; die Meßwerte sind in den Zusammenstellungen enthalten. Für die Beurteilung dieser Verspannung sind nur die an den Stehblechen gewonnenen Ergebnisse wirklich brauchbar, da die Gurtplatten in Stoßnähe starken zusätzlichen Verbiegungseinflüssen unterliegen und auch bei diesen Plattendicken in Nahtnähe nicht ohne weiteres eine lineare Spannungsverteilung über die Plattendicke angenommen werden kann und — wie aus den Ergebnissen abzuleiten ist — offenbar vielfach auch nicht vorhanden gewesen ist. Die Messungen an den Stegblechen vor Schließen der Halsnahtabschnitte und nach vollständiger Fertigschweißung der Stöße ergaben fast immer für beide Zustände gute Übereinstimmung in den Verspannungsverhältnissen. Deshalb können diese für die Bauwerke, in denen aus Zeitmangel (schneller Fortgang der Schweißung) keine Messungen für den Zwischenzustand gemacht werden konnten, die Verspannungsverhältnisse genügend genau aus dem Zustand für den fertiggeschweißten Träger ermittelt werden.

2. Messungen an den Stegblechen.

Hierbei wurden Messungen in einem Querschnitt in Nahtnähe in verschiedenen Höhenlagen auf beiden Seiten des Stehbleches in gegenüberliegenden Fasern ausgeführt. Die Lage des Meßquerschnittes zur Naht und die Anordnung der Meßstellen in diesem Querschnitt geht aus den Darstellungen der Ergebnisse für die Stehblechmessungen Abb. 26 bis 33 hervor. In den meisten Fällen konnte der Meßquerschnitt so dicht neben der Naht angeordnet werden, daß die Ergebnisse nicht nur den Verspannungsgrad angeben, sondern auch Rückschlüsse über die Auswirkung der für die Stegnaht angewendeten Schweißwege zulassen. Ein recht großer Abstand des Meßquerschnittes mußte wegen der Spannvorrichtung bei

18 Messungen und Ergebnisse.

der Boberbrücke gewählt werden; bei der Sprottetalbrücke bestanden wegen der dicht bis zur Naht durchgeführten Längsaussteifungen für die Durchführung dieser Messungen besondere Schwierigkeiten.

3. Messungen an den Gurtplatten.

Die Meßstellenanordnung in den Gurtplatten zeigen die Abb. 21 bis 25. Für die Bauwerke Rüdersdorf, Dehmsee und Lübeck-Eutin geht die Meßanordnung aus den Abbildungen mit den Ergebnissen (Abb. 34, 35, 36 und 44) hervor. Die Abb. 21 bis 25 zeigen vorteilhafte Meßanordnungen, die weitgehende Schlußfolgerungen auf die Verhältnisse unmittelbar an der Naht und auf die Verkrümmungserscheinungen zulassen. Im allgemeinen sind hier mehrere Meßquerschnitte hintereinander angeordnet worden, die bis dicht an die Gurtnähte herangelegt werden konnten. Nicht vorteilhaft, aber durch die örtlichen Verhältnisse bedingt war die Meßanordnung bei der Rüdersdorfer und der Dehmseebrücke. Bei der ersteren konnten die Messungen an der Ober- und der Unterfläche des Obergurts nicht einmal unmittelbar gegenüberliegend ausgeführt werden. Diese Unzulänglichkeit wurde durch eine größere Zahl von Messungen an den

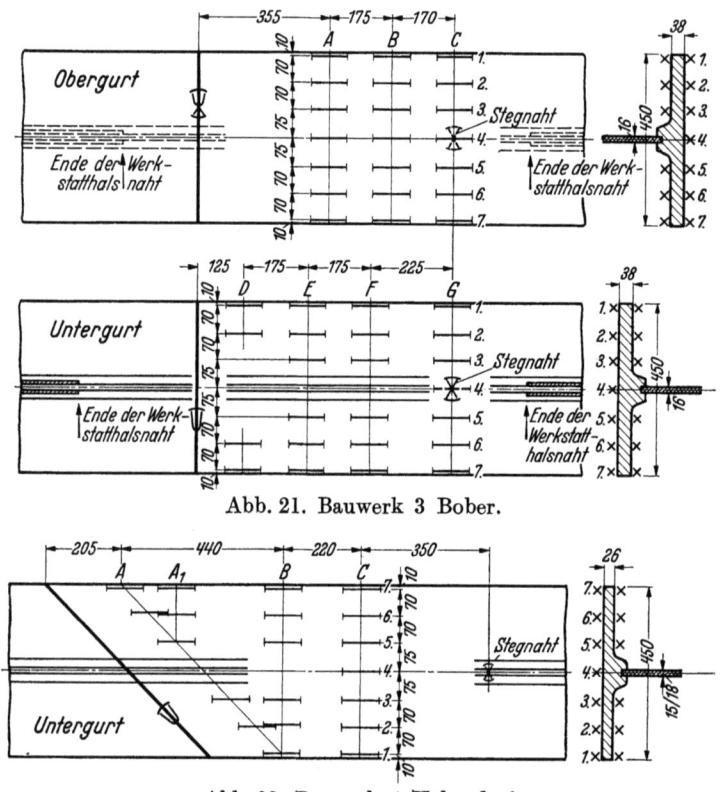

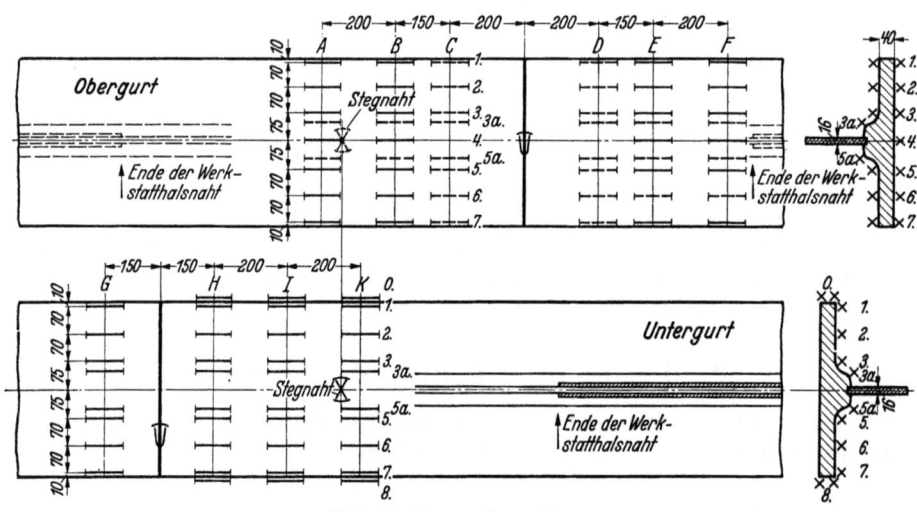

Abb. 21 bis 25. Meßstellenanordnung in den Gurtplatten.

Schmalseiten der Gurtprofile teilweise ausgeglichen, aus denen die Verkrümmungsverhältnisse dieser Stöße beurteilt werden konnten. Bei der Dehmseebrücke machten die notwendigen

Einrichtungen für das angewendete Sonderschweißverfahren einen größeren Abstand des Meßquerschnittes von den Stößen notwendig; die Ergebnisse reichen deshalb für eine unmittelbare Beurteilung der Verhältnisse am Stoß nicht aus; sie ergeben jedoch ein relatives Bild im Vergleich zu den Feststellungen an den anderen Bauwerken, so daß auch hier das Hauptziel der Untersuchung erreicht worden ist.

Die zum Teil starken Verkrümmungswirkungen veranlaßten später bei der Untersuchung der Queisbrücke und der Klodnitztalbrücke eine Verfolgung der Spannungsverhältnisse in den hervorstehenden Nasen der Nasenprofile; die Anordnung ist aus Abb. 23 und 25 ersichtlich.

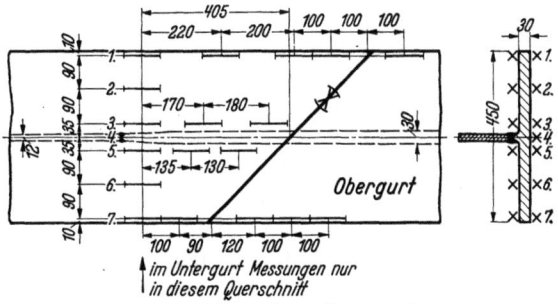

Abb. 24. Bauwerk 6 Sprottetal.

Soweit es die örtlichen Verhältnisse zuließen, wurden die Dehnungsmessungen an den Gurtplatten genau so wie bei den Stehblechen in zwei gegenüberliegenden Fasern auf den beiden Seiten der Platten ausgeführt. Vielfach ließ jedoch die Anordnung der Spannvorrichtungen oder die Anordnung sonstiger Rüstteile nur die Messung auf einer Seite der Gurtplatten zu.

Da für die Beurteilung der Spannungsverhältnisse die Kenntnis der Spannungen nur auf einer Seite nicht ausreichend ist, wurden in vielen Fällen Verkrümmungsmessungen vorgenommen, durch die wenigstens annähernde Rückschlüsse auf die Spannungen an

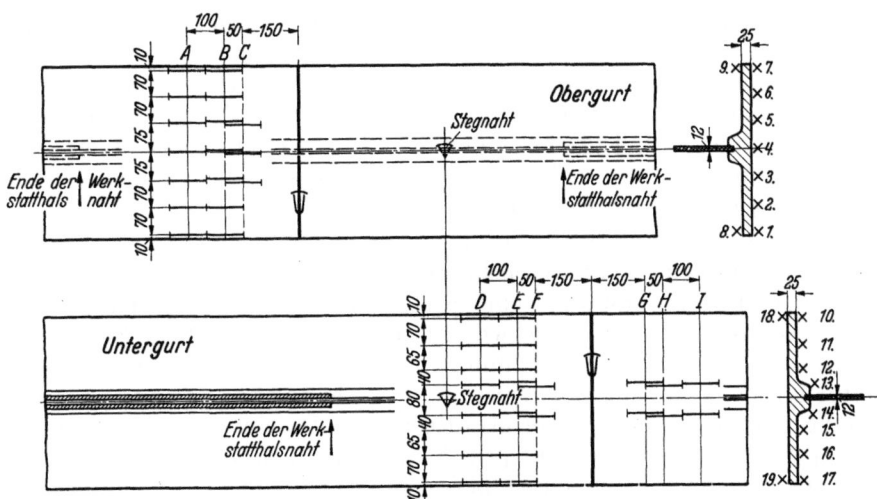

Abb. 25. Bauwerk 8 Klodnitztal.

der nicht unmittelbar durch Dehnungsmessungen zu erfassenden Seite ermöglicht werden sollten. Bei folgenden Bauwerken wurde von diesem meßtechnischen Hilfsmittel in größerem Umfang Gebrauch gemacht:

Bauwerk 3 Bober   Bauwerk 7 Lübeck-Eutin
Bauwerk 4 Hökendorf   Bauwerk 8 Klodnitztal
Bauwerk 5 Queis

In beschränktem Umfange wurde dieses Verfahren auch bei dem Bauwerk 1 Rüdersdorf angewendet. Bei diesem wurden jedoch, da das verwendete Krümmungsmeßgerät zur Zeit der Untersuchung noch nicht genügend erprobt war, die Rückschlüsse über die Spannungsunterschiede auf den beiden Seiten der Gurtprofile im wesentlichen aus den Ergebnissen von Dehnungsmessungen an den Schmalseiten der Profile gezogen. Hierfür wurden an den Schmalseiten je eine Dehnungsmessung dicht unter der Oberkante und dicht über der Unterkante ausgeführt, deren Ergebnisse eine Extrapolation der Spannungen auf die Kanten der Gurtplatten gestatteten. Bei dem Bauwerk 5 Queis wurden derartige Messungen zusätzlich zu den Verkrümmungsmessungen ausgeführt.

Die Verkrümmungen wurden immer für Meßstrecken bestimmt, in denen mindestens die Dehnung auf einer Plattenseite gemessen werden konnte. Gemessen wurde das Stichmaß der Verkrümmung innerhalb dieser Dehnungsmeßstrecke. Hierfür wurde ein im Staatlichen Materialprüfungsamt Berlin-Dahlem von dem Amtsmechaniker Abend gebautes Gerät verwendet, das mittels einer Meßuhr eine recht genaue Krümmungsbestimmung gestattete. Das Gerät wurde mit Setzfüßen wie der Siebel-Pfendersche Dehnungsmesser auf die für die Dehnungsmessungen eingeschlagenen Kügelchen aufgesetzt. Der Fühlhebel der in Mitte der Meßstrecke befindlichen Meßuhr fühlte gegen eine in Mitte der Meßstrecke eingeschlagene Stahlkugel. Wie bei den Dehnungsmessungen wurde die Apparatanzeige ständig gegen ein vorbereitetes Kontrollstück verglichen. Da es sich nicht um die Feststellung der absoluten Krümmung handelte, sondern wie bei den Dehnungsmessungen um den Unterschied vor und nach der Schweißung, gewährt diese Zurückführung der Messungen auf ein solches den Schweißeinflüssen nicht unterliegendes Kontrollstück, dessen Krümmung im Bereich der Kontrollstrecke nicht bekannt ist und auch nicht bekannt zu sein braucht, die beste Gewähr für die Ausschaltung fehlerhafter Einflüsse durch Gerätveränderungen infolge von Erschütterungen, Temperatur od. dgl.

Bei linear verlaufender Spannungsverteilung über die Plattendicke steht die Ober- und Unterspannung und die Verkrümmung in einer bekannten einfachen Beziehung. Man wird mit einer annähernd linearen Spannungsverteilung jedoch nur in größerem Abstand von den Stoßnähten, von den Halsnähten und auch von den Profilansätzen (Nase oder Wulst) rechnen können. Um die hieraus entspringende Unsicherheit so gut wie möglich zu umgehen, wurde zur Gewinnung eines empirischen Rechnungswertes an Meßstellen, an denen die Dehnungen in gegenüberliegenden Fasern der Gurtplatten gemessen werden konnten, zusätzlich die Verkrümmung gemessen und hieraus der Rechnungswert für den Spannungsunterschied $\sigma_o - \sigma_u$ je Krümmungseinheit bestimmt. Diese Werte dienten zur Bestimmung der Spannungsunterschiede an den Stellen, in denen nur eine Dehnung und die Verkrümmung gemessen werden konnten.

Das Verfahren hat bei den sehr kleinen in Betracht kommenden Verkrümmungen seine Unsicherheiten. Es erscheint aber wesentlich sicherer als Zugrundelegung einer an vielen Stellen von vornherein sehr unwahrscheinlichen linearen Spannungsverteilung. Immerhin ergaben diese Messungen bei den verschiedenen Bauwerken auffällige Erscheinungen derart, daß bei einigen der empirische Rechnungswert gut oder annähernd mit dem theoretischen Wert für lineare Verteilung übereinstimmte, während bei einigen anderen der empirische Rechnungswert wesentlich kleiner als dieser war. Da einem größeren Rechnungswert ein größerer Spannungsunterschied entspricht, wurden auch in diesen Fällen die Spannungsunterschiede aus dem kleineren empirischen Wert berechnet, um die Verhältnisse nicht ungünstiger erscheinen zu lassen, als mit Sicherheit aus den Messungen nachgewiesen werden kann. Die etwaigen hieraus erwachsenden Fehler sind nicht derart, daß sie für die hauptsächlich qualitative Beurteilung wesentlich sind.

Durch Kontrollen und Nacheichungen der Geräte konnte für die bei den einzelnen Bauwerken in dieser Hinsicht nicht gleichmäßigen Feststellungen kein Aufschluß erlangt werden. Meßtechnisch sollte man soweit als irgend möglich die Spannungen an beiden gegenüberliegenden Fasern bestimmen und die Verkrümmungsmessung nur im Notfalle zur Spannungsbestimmung heranziehen.

Im folgenden werden für die genannten Bauwerke die Unterlagen für die Bestimmung der empirischen Rechnungswerte angegeben.

Bauwerk 3 Bober. Aus den Dehnungs- bzw. Spannungsmessungen im Obergurt auf der Oberseite Messung C_1 bis C_6 und den entsprechenden Messungen auf der Unterseite (Abb. 21) wurde der Spannungsunterschied $\sigma_u - \sigma_o$ mit den dort ebenfalls gemessenen Verkrümmungen δ verglichen und der Unterschied $\sigma_u - \sigma_o$ je $\delta = 1 \cdot 1/_{1000}$ mm errechnet, desgleichen für die Untergurtplatte an den Meßstellen G_1 bis G_7 auf der oberen Seite (Nasenseite) und den entsprechenden Meßstellen auf der flachen, unteren Seite (s. Zahlentafel 1).

Meßverfahren und allgemeine Bewertung der Meßergebnisse.

Zahlentafel 1. Bestimmung des Verkrümmungsfaktors, Bauwerk 3 Bober.

Meßstelle			Spannungen in kg/mm²		δ	Spannungsunterschiede in kg/mm²		Bemerkungen
			σ_o	σ_u	$1/_{1000}$ mm	$\sigma_u - \sigma_o$	$\sigma_u - \sigma_o$ je $\delta = 1$	
Obergurt	Stoß A_6	C_1	−10,6	2,2	29	12,8	0,44	Achse (Nase)
		C_2	−11,2	0,4	30	11,6	0,39	
		C_3	−13,3	0,0	29	13,3	0,46	
		C_4	−14,9	—	32	—	—	
		C_5	−13,5	0,1	31	13,6	0,44	
		C_6	−11,4	2,2	33	13,6	0,41	
		C_7	− 9,2	2,9	42	12,1	0,29	
	Stoß B_6	C_1	−11,8	−1,2	32	10,6	0,32	Achse (Nase)
		C_2	−12,1	−2,7	26	9,4	0,36	
		C_3	−12,9	−4,0	19	8,9	0,47	
		C_4	−13,3	—	16	—	—	
		C_5	−12,7	−4,0	18	8,7	0,48	
		C_6	−11,0	−1,3	24	9,7	0,40	
		C_7	−11,2	0,4	22	11,6	0,53	

Für die Untergurtplatte ergaben sich zufällig in dem entsprechenden Meßquerschnitt so geringe Verbiegungen, daß eine gleiche Auswertung mit zu großen Unsicherheiten behaftet wäre. Stellt man für die Obergurtplatte die Ergebnisse der in größerer Entfernung von der Nase ermittelten Werte (Meßstelle C_1, C_2, C_6 und C_7) zusammen und gesondert die für die in größerer Nasennähe (Meßstelle C_3 und C_5), so erhält man für die Verkrümmung $\delta = 1 \cdot 1/_{1000}$ mm die Werte der Zahlentafel 2.

Der theoretische Wert für lineare Spannungsverteilung beträgt bei der Plattendicke von 38 mm für $\delta = 1/_{1000}$ mm

$$\sigma_u - \sigma_o = \frac{8 \cdot t \cdot E}{l^2} = 0{,}63 \text{ kg/mm}^2.$$

Der Unterschied ist bei diesem Bauwerk erheblich.

Für die Berechnungen der Spannungen σ_u an den weiteren Meßstellen wurden aus den gemessenen Werten δ mit Hilfe dieser Faktoren — 0,40 an den mehr nach außen liegenden

Zahlentafel 2. Verkrümmungsfaktor, Bauwerk 3 Bober.

Meßstelle	Stoß A_6	Stoß B_7	Mittelwerte	
	$\sigma_u = \sigma_o$ in kg/mm² je $\delta = 1 \cdot 1/_{1000}$ mm			
C_1	0,44	0,32	} 0,40	} 0,40
C_7	0,29	0,53		
C_2	0,39	0,36	} 0,39	
C_6	0,41	0,40		
C_3	0,46	0,47	} 0,46	0,46
C_5	0,44	0,48		

Meßstellen und 0,46 an den in Nähe der Gurtplattenachse liegenden Meßstellen — die wahrscheinlichen Spannungsunterschiede $\sigma_u - \sigma_o$ berechnet und mit Hilfe der durch Messung festgestellten Spannungen σ_o die Spannungen σ_u näherungsweise berechnet. Es ist dabei natürlich, daß diese Spannungen σ_u mit größeren prozentualen Fehlern behaftet sein können. Immerhin darf angenommen werden, daß der Spannungsverlauf auch an den Unterflächen annähernd richtig erfaßt ist, so daß die qualitative Bewertung der Spannungsverhältnisse nicht gestört wird.

Bauwerk 4 Hökendorf. Aus den Dehnungs- bzw. Spannungsmessungen im Untergurt auf der Oberseite und den entsprechenden auf der Unterseite in der Meßlinie C (Abb. 22) wurde der Spannungsunterschied $\sigma_u - \sigma_o$ mit den dort ebenfalls gemessenen Verkrümmungen δ verglichen und der Unterschied $\sigma_u - \sigma_o$ je $\delta = 1 \cdot 1/_{1000}$ mm errechnet. Die gemessenen Durchbiegungen δ waren jedoch nur an einigen Stellen größer als $10 \cdot 1/_{1000}$ mm. Wegen der Unsicherheit der Berechnung bei kleineren Werten δ wurden nur diese größeren Werte berücksichtigt. Es ergaben sich die Werte der Zahlentafel 3.

Der Spannungsunterschied $\sigma_u - \sigma_o$ beträgt nach dieser Rechnung 0,25 kg/mm² je Verkrümmung $\delta = 1 \cdot 1/_{1000}$ mm. Der theoretische Rechnungswert beträgt bei der Dicke von 26 mm 0,43 kg/mm² je $\delta = 1/_{1000}$ mm. Der Unterschied ist auch hier erheblich und liegt im gleichen Sinn abweichend wie bei Bauwerk 3.

Zahlentafel 3. Bestimmung des Verkrümmungsfaktors, Bauwerk 4, Hökendorf.

Meßstelle			Spannungen in kg/mm²		δ	Spannungsunterschiede in kg/mm²	
			σ_o	σ_u	$^1/_{1000}$ mm	$\sigma_u - \sigma_o$	$\sigma_u - \sigma_o$ je $\delta = 1$
Stoß C_9	Untergurt	C_6	−6,5	−3,8	11	2,7	0,25
		C_5	−5,1	−3,8	11	2,3	0,22
Stoß D_9	Untergurt	C_1	−1,2	−6,2	−18	−5,0	0,28
		C_2	−3,2	−6,4	−13	−3,2	0,25
		C_6	−4,1	−6,9	−15	−2,8	0,19
		C_7	−3,9	−7,2	−11	−3,3	0,30
						Mittelwert	0,25

Bauwerk 5 Queis. Bei dieser Untersuchung wurden an der Obergurtplatte in den Querschnitten A, B, E und F (Abb. 23) die Werte σ_o, σ_u und δ bestimmt. Weiter ergaben sich entsprechende Kontrollen durch die Spannungswerte der Untergurtplatte in den Kantenmeßstellen 0 und 8 (Abb. 23) und der an den Kanten ebenfalls bestimmten Krümmungsmaße δ. Die Krümmungen im Obergurt waren sehr klein ($\sim 10 \cdot ^1/_{1000}$ mm). Die Berechnung von $\sigma_o - \sigma_u$ je $\delta = ^1/_{1000}$ mm war entsprechend unsicher, die Einzelwerte streuend. Immerhin ergab sich bei der Mittelbildung der Einzelwerte hier ein Wert, der sehr dicht bei dem theoretischen Wert lag (0,65 gegen 0,67 kg/mm² für 40 mm Plattendicke). Bei den wesentlich größeren Krümmungen des Untergurtes ergaben sich Werte, die als Einzelwerte nahe bei dem Rechnungswert lagen und als Mittelwert diesem sehr gut entsprachen. Demzufolge wurden die Spannungen an der Unterseite des Untergurtes aus σ_0 und δ mit dem Rechnungswert $\sigma_o - \sigma_u = 0{,}67$ kg/mm² für $\delta = ^1/_{1000}$ mm errechnet.

Die Kantenmessungen 0 und 8 sind nur zu dieser Berechnung herangezogen worden, auf ihre Wiedergabe selbst konnte verzichtet werden.

Bauwerk 7 Lübeck-Eutin. Bei diesem Bauwerk konnten die Spannungen in den neben den Gurtstößen angeordneten Meßquerschnitten (Abb. 44) auf der Ober- und Unterfläche der Platten gemessen werden. Die vorgenommene Verkrümmungsmessung diente zur Feststellung der Verkrümmungsverhältnisse an sich und konnte auch außerdem zur Unterrichtung über den Zusammenhang zwischen Spannungsunterschieden auf Ober- und Unterseite und der Verkrümmung herangezogen werden, gab also gewisse Aufschlüsse über die Abweichung von der linearen Spannungsverteilung in derartig dicken Platten (54 mm) für die Schweißspannungen. In der Zahlentafel 4 sind die Spannungsunterschiede, die Verkrümmungen und die sich aus beiden ergebenden empirischen Werte je $\delta = 1 \cdot ^1/_{1000}$ mm angegeben. Diese Werte sind hier sowohl für den Zustand vor Schließung der Halsnahtabschnitte wie auch für den fertig geschweißten Träger angegeben.

Zahlentafel 4. Bestimmung des Verkrümmungsfaktors, Bauwerk 7 Lübeck-Eutin.

Meßstelle		Stoß I						Stoß II					
		Vor Schweißung der Halsnähte			Träger fertig geschweißt			Vor Schweißung der Halsnähte			Träger fertig geschweißt		
		$\sigma_o - \sigma_u$ kg/mm²	δ $^1/_{1000}$mm	$\sigma_o - \sigma_u$ je $\delta=1$ kg/mm²	$\sigma_o - \sigma_u$ kg/mm²	δ $^1/_{1000}$mm	$\sigma_o - \sigma_u$ je $\delta=1$ kg/mm²	$\sigma_o - \sigma_u$ kg/mm²	δ $^1/_{1000}$mm	$\sigma_o - \sigma_u$ je $\delta=1$ kg/mm²	$\sigma_o - \sigma_u$ kg/mm²	δ $^1/_{1000}$mm	$\sigma_o - \sigma_u$ je $\delta=1$ kg/mm²
Untergurt	6	16,8	16	1,05	33,7	36	0,94	22,0	34	0,65	29,8	47	0,63
	4	16,2	31	0,52	32,8	40	0,82	22,1	50	0,44	30,1	57	0,54
	3	17,5	19	0,92	29,5	36	0,82	23,0	24	0,96	31,3	33	0,94
	1	17,7	19	0,93	31,6	40	0,79	22,0	28	0,79	31,1	39	0,80
Obergurt	6	28,6	32	0,89	21,8	28	0,78	35,6	38	0,94	28,4	29	0,98
	5	33,1	39	0,85	25,6	27	0,95	37,4	48	0,78		38	—
	4	32,3	47	0,69	24,6	34	0,72	29,5	44	0,67	35,9	41	0,88
	3	32,7	43	0,76	27,0	39	0,69	35,0	40	0,88	31,9	31	1,03
	2	34,7	38	0,91	26,6	27	0,99	31,8	37	0,86	25,6	30	0,85
	1	29,4	37	0,80	21,3	23	0,93	26,4	33	0,80	19,9	21	0,95
		Mittel		0,83			0,84			0,78			0,78

Der theoretische Rechnungswert beträgt 0,91 kg/mm². Beide Stöße zeigen demgegenüber merkliche, wenn auch nicht allzu wesentliche Abweichung nach unten. Die Werte ergaben sich für beide Stöße ziemlich gleich. Ein Unterschied zwischen den beiden Fertigungszuständen ließ sich nicht feststellen. Die Einzelwerte streuen erheblich, während die vier Mittelwerte recht dicht beieinander liegen.

Bauwerk 8 Klodnitztal. Bei dieser Untersuchung wurde an der Obergurtplatte in den Querschnitten A und B und an der Untergurtplatte in den Querschnitten D und E in den Meßstellen nahe den Walzkanten (Abb. 25, Messung 1./8., 7./9., 10./18., 17./19.) die Werte σ_o, σ_u und δ durch Messung bestimmt. Hieraus wurden nach nachstehender Zahlentafel die Werte $(\sigma_o - \sigma_u)$ je $\delta = 1/1000$ mm berechnet. Ausgeschieden wurden hierbei zur Erzielung größerer Genauigkeit die Messungen, bei denen δ absolut sehr klein ($< 10 \cdot 1/1000$ mm) oder bei denen $(\sigma_o - \sigma_u)$ sehr klein. Die Ergebnisse zeigt Zahlentafel 5.

Zahlentafel 5. Bestimmung des Verkrümmungsfaktors, Bauwerk 8 Klodnitztal.

Stoß	Gurt	Querschnitt	Messung	Spannungen in kg/mm²		δ $1/1000$ mm	Spannungsunterschiede in kg/mm²		Mittel
				σ_o	σ_u		$\sigma_u - \sigma_o$	$\dfrac{\sigma_u - \sigma_o}{\text{je } \delta = 1 \cdot 1/1000}$	
1	oben	A	1./8.	−11,3	+ 1,8	−23	−13,1	0,57	0,48
		A	7./9.	−11,2	− 0,2	−23	−11,0	0,48	
		B	1./8.	−12,4	− 1,9	−32	−10,5	0,33	
		B	7./9.	−11,6	− 0,8	−24	−10,8	0,45	
	unten	D	10./18.	− 1,9	−11,1	21	9,2	0,44	
		D	17./19.	− 1,0	− 8,3	12	7,3	0,61	
		E	10./18.	− 2,1	−13,4	23	11,3	0,49	
2	unten	D	10./18.	− 1,5	−10,2	20	8,7	0,44	0,52
		D	17./19.	− 4,2	−11,5	12	7,3	0,61	
		E	10./18.	− 2,0	−12,2	21	10,2	0,49	
		E	17./19.	− 4,7	−12,6	15	7,9	0,53	

Bei der Mittelbildung ergab sich der Rechnungswert

für Stoß 1: $\sigma_o - \sigma_u = 0{,}48$ kg/mm² je $\delta = 1 \cdot 1/1000$ mm
für Stoß 2: $\sigma_o - \sigma_u = 0{,}52$ kg/mm² je $\delta = 1 \cdot 1/1000$ mm

gegenüber theoretisch

$$\sigma_o - \sigma_u = \frac{8t}{l^2} \cdot E \cdot \delta = \frac{8t}{100^2} \cdot 21\,000 \cdot 1/1000 = 0{,}42 \text{ bzw. } 0{,}50 \text{ kg/mm}^2 \text{ je } \delta = 1/1000 \text{ mm}.$$

Die Übereinstimmung ist in diesem Fall recht gut, wenn auch die Einzelwerte streuen.

B. Meßergebnisse.

1. Die Verspannung zwischen Stegblech und Gurtung.

Wie in Abschnitt IV A ausgeführt worden ist, geben den einwandfreiesten Aufschluß über die Querspannung zwischen Steg und Gurtung die vor Schließen der Baustellen-Halsnahtabschnitte neben der Stegnaht ausgeführten Messungen. Nur für einen Teil der Bauwerke konnte aus zeitlichen Gründen dieser Zwischenzustand erfaßt werden. Nach Schließen der Halsnähte steht das Stegblech unter zusätzlichen Spannungen infolge der Schrumpfwirkungen in den Halsnähten. Vergleichende Untersuchungen zeigten jedoch, daß die Spannungsveränderung im Stegblech hierdurch nur so mäßig war, daß sich auch aus den Messungen im Endzustand das Querverspannungsverhältnis angeben läßt.

In den Abb. 26 bis 33 wurden für alle Bauwerke die ermittelten Querspannungsverhältnisse angegeben. Die Abbildungen zeigen außerdem die konstruktive Anordnung der Stöße, den Bereich der Werkstatt-Halsnahtschweißung, die Anordnung der Stegblech-Meßquerschnitte und in den Ordinaten der Spannungsbilder die Höhenlage der einzelnen Messungen. In allen Fällen wurden die auf beiden Seiten des Stegblechs ermittelten Werte gemittelt. Die Unterschiede waren zum großen Teil gering. Jedoch wurde auch dort, wo größere Unterschiede festgestellt worden sind, von einer Angabe der Einzelwerte abgesehen, da bei den mäßigen Dicken der Stegbleche mit einem Spannungsausgleich bei merklichen Unterschieden zu rechnen ist, so daß diesen keine besondere Bedeutung beigemessen werden kann. Eine Ausnahme wurde nur bei den besonders großen Unterschieden des Bauwerkes 6 Sprottetal gemacht, weil hier die konstruktive Anordnung der Längssteifen notwendigerweise zu starken Spannungsunterschieden auf beiden Seiten führen muß, für deren Ausgleich infolge dieser konstruktiven Anordnung kaum Voraussetzungen zu bestehen scheinen. Soweit auch Messungen vor Schließung der Halsnähte gemacht worden sind, sind auch diese Ergebnisse in anderer Strichart in die Spannungsbilder eingetragen. Im Nachstehenden werden die Meßergebnisse auf Grund der Darstellungen für jedes Bauwerk gesondert besprochen, während eine zusammenfassende und vergleichende Beurteilung späterem vorbehalten bleibt. Zu bemerken ist noch, daß, soweit die Beurteilung auf Grund der Messungen am vollständig fertig geschweißten Stoß erfolgt, die den Halsnähten am nächsten liegenden Meßstellen und die dort ermittelten Spannungen bei der Beurteilung der Verspannung nicht berücksichtigt werden dürfen, da sich hier die Halsnahtschweißung örtlich stark ausgewirkt haben kann.

Bauwerk 1 Rüdersdorf (Abb. 26). Die Spannungsbilder der vier Stöße des Bauwerkes 119a sind sehr gleichmäßig. Die Spannungen sind in Anbetracht der Größe der Träger und der gerade bei diesem Bauwerk geringen Dehnlänge im Verhältnis mäßig, wenn auch gegenüber weiter untersuchten Stößen merklich. Es ergeben sich für die 4 Stöße folgende mittlere Spannungen: 4,2; 4,2; 2,5 und 5,2 kg/mm². Bemerkenswert ist, daß die Verspannungen bei den Stößen A_{18} und B_{18} im Mittel nicht größer sind als bei den beiden anderen, obwohl diese beiden Stöße die Schlußstöße in der Mitte eines 400 m langen, von beiden Endauflagern vorgetriebenen Überbaues waren, so daß beim Schrumpfen eine Baulänge von 200 m bewegt werden mußte, während bei den beiden anderen nur Montagelängen von 30 m angeschlossen wurden. Allerdings wurde bei den Schlußstößen die Schrumpfung durch Druckpressen unterstützt. Trotz der recht großen Nahtlänge ist ein sehr gleichmäßiges Spannungsfeld erreicht worden, was für die Zweckmäßigkeit des gewählten Schweißweges spricht.

Die Stöße A_4 und B_6 des Bauwerkes 119d sind hinsichtlich der Verspannung Steg-Gurtung günstig. Die mittleren Spannungen betragen hier nur 2,5 und 1,2 kg/mm². Bei dem Verlauf der Spannungslinien mit wechselndem Zug- und Druckbereich gibt jedoch die Größe der mittleren Spannung keine einwandfreie Unterlage für die Beurteilung. Nahe der Gurtung treten besonders bei dem Stoß A_4 erhebliche Zugspannungen auf. Die durch eine an sich günstige Schweißfolge zwischen Steg- und Gurtnähten erreichten guten Verspannungsverhältnisse werden beeinträchtigt durch starke Verspannungen in der Stegnaht selbst. Es erscheint ziemlich ausgeschlossen, daß der Schweißweg bei dieser Naht und auch bei B_6 der gleiche gewesen ist wie bei den vier anderen Stegnähten, obwohl der untersuchenden Stelle keine abweichenden Angaben gemacht worden sind. Die Spannungsbilder machen es für mehr wahrscheinlich, daß diese beiden Stegnähte in wesentlichen Lagen in etwa 3 Abschnitten — und zwar zuerst der mittlere, dann die äußeren — geschweißt worden sind. Bei dem für diese große Länge weniger günstigen Schweißweg hat sich offenbar die von den sehr starken Gurtplatten ausgehende Verspannungswirkung verstärkt, und in diesem Fall wahrscheinlich auch die sehr geringe Dehnlänge geltend gemacht, die bei den günstigeren Bedingungen der ersten 4 Stöße weniger wirksam geblieben ist.

Bauwerk 2 Dehmsee (Abb. 27). Die nacheinander vorgenommene Schweißung der Gurt- und Stegnähte wirkt sich in größeren Verspannungen aus. Für die beiden Fertigungszustände vor und nach Schließung der Halsnähte ergeben sich folgende mittlere Spannungen:

Die Verspannung der gegenüber der Gurtung im Verhältnis schwächeren Stege ist bei den sonst gleichen Bedingungen naturgemäß stärker. Zwischen den beiden Fertigungszuständen bestehen keine allzu starken Unterschiede. Der Halsnahteinfluß ist bei dem kleineren Verhältnis $F_s : F_g$ natürlich größer als bei dem anderen.

Stoß	Spannungen in kg/mm²						
	V_1	VI_1	V_2	VI_2	V_3	VI_3	
Zustand 1	5,4	5,3	7,6	9,5	7,5	10,3	$= \sigma_{m_1}$
Zustand 2	4,8	5,4	5,8	8,4	7,0	9,3	$= \sigma_{m_2}$
Halsnaht- einfluß	1,12	rd. 1	1,31	1,13	1,07	1,11	$= \sigma_{m_1} : \sigma_{m_2}$
	1,06			1,15			
$\dfrac{F_{\text{Steg}}}{F_{\text{Gurtung}}}$	1,27			0,92			$= F_s : F_g$

Neben dieser recht erheblichen Verspannung zwischen der Gurtung und dem Stegblech treten offenbar in Auswirkung der beim nachträglichen Schließen der Stegnähte vorliegenden Einspannung am oberen und unteren Ende dieser Nähte trotz eines günstig gewählten Schweißweges Spannungsstörungen in der Stegnaht selbst ein. Die Mehrzahl der Spannungsbilder zeigt Zugmaxima in $1/4$ und $3/4$ der Trägerhöhe und ein Minimum in der Mitte.

Bauwerk 3 Bober (Abb. 28). Die Spannungen sind bei beiden Stößen sehr gering. Die gemessenen Spannungen sind vorwiegend aus dem Halsnahteinfluß zu erklären. Ohne diese ist mit einer sehr mäßigen Zugverspannung des Stegbleches zu rechnen. Trotz der großen Nahtlänge von 2,75 m scheint ein sehr gleichmäßiges Spannungsfeld erreicht worden zu sein — eine Folge eines sehr günstigen Schweißweges und aber auch der die Verspannung vermeidenden Schweißfolge zwischen den Nähten eines Stoßes. Das Urteil über die Gleichmäßigkeit muß in Anbetracht des bei diesen Stößen notwendigen größeren Abstandes des Meßquerschnittes von der Naht etwas eingeschränkt abgegeben werden.

Bauwerk 4 Hökendorf (Abb. 29). Die Querverspannung ist sehr gering. Unter Ausschaltung der unmittelbar neben den Halsnähten gemessenen Spannungen ergeben sich mittlere Spannungen von 0,7 und 0,9 kg/mm², Werte, die ohne den Halsnahteinfluß etwas größer sein könnten. Bei diesem Bauwerk hat sich offenbar die gegenüber den sonstigen besonders große Dehnlänge von 3 m in dieser Hinsicht günstig ausgewirkt. Der Charakter der Spannungsbilder weist darauf hin, daß die Nähte wie vollkommen freigelagerte Nähte geschweißt werden konnten. Trotz der bei diesen langen Nähten (rd. 2,27 m) hier ausnahmsweise angewendeten durchlaufenden Schweißung für alle Lagen und dem bei den Stehnähten großen Zeitunterschied zwischen Nahtanfang und Nahtende zeigen die Spannungsbilder die Kennzeichen des „natürlichen Schweißspannungszustandes"[1]. Die Unsymmetrie zur Mitte kann eine Folge des Schweißweges oder auf die Ausbildung von Momenten infolge Änderung der statischen Anfangsbedingungen zurückzuführen sein. Es ist unwahrscheinlich, daß bei stärkeren Verspannungen zwischen Steg und Gurtung der durchlaufende Schweißweg ohne ungünstige Auswirkung geblieben wäre.

Bauwerk 5 Queis (Abb. 30). Es ergibt sich ein recht gleichmäßiges Spannungsfeld von oben nach unten für beide Fertigungszustände. Vor Schließung der Halsnähte beträgt die mittlere Spannung 4,8 kg/mm², nach der Fertigschweißung 4,6 kg/mm². Die Verspannung ist an sich nicht allzustark. Da die immerhin merkliche Größe dieser Verspannung wahrscheinlich für beobachtete, ungünstige Erscheinungen in den Gurtnahtzonen mit beigetragen hat, ist schon hier die Aufmerksamkeit darauf zu lenken. Die Verspannung ist einesteils durch das bei diesem Bauwerk gegenüber den anderen aus St 52 recht geringe Verhältnis von Steg zur Gurtung von 0,80 bedingt, anderseits auf den ziemlich verzögerten Beginn der Stegnahtschweißung gegen die Gurtnähte (zuerst Einschmelzung von je 6 Lagen in der

---

[1] Natürlicher Schweißspannungszustand = der Spannungszustand, der sich in einer Platte bei freier Schweißung und (theoretisch) gleichzeitiger Einschmelzung der Naht über die ganze Länge ergibt und der durch Druckspannungen an den Nahtenden und Zugspannungen in der Mitte gekennzeichnet ist.

26   Messungen und Ergebnisse.

Ober- und Untergurtnaht) zurückzuführen. Die wesentlich spätere Fertigstellung der Gurtnähte hat hier nicht genügend Entlastung bringen können.

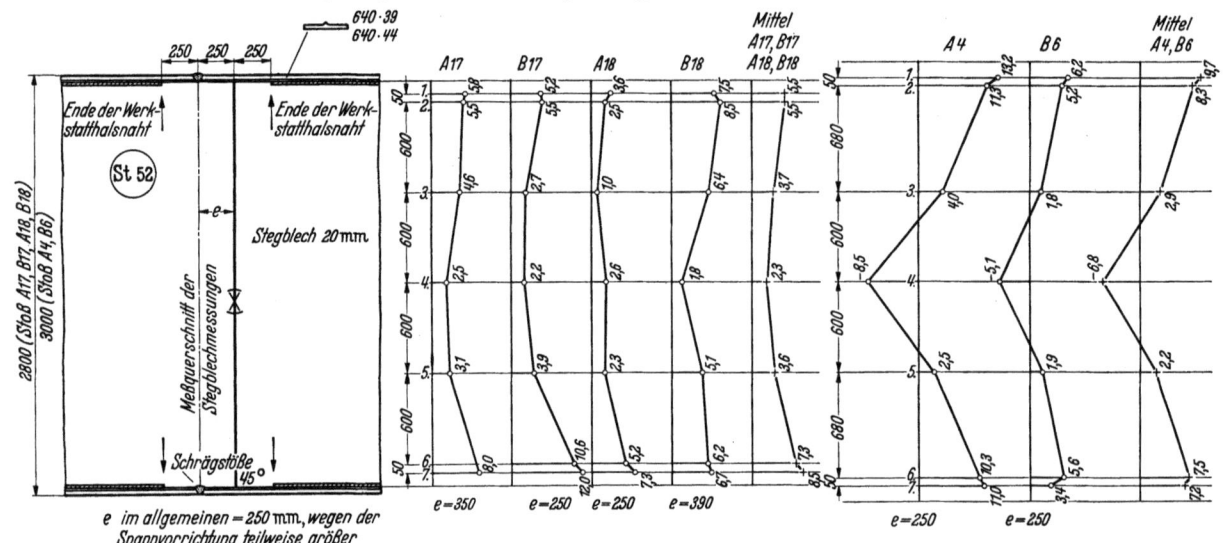

Abb. 26. Bauwerk 1 Rüdersdorf.

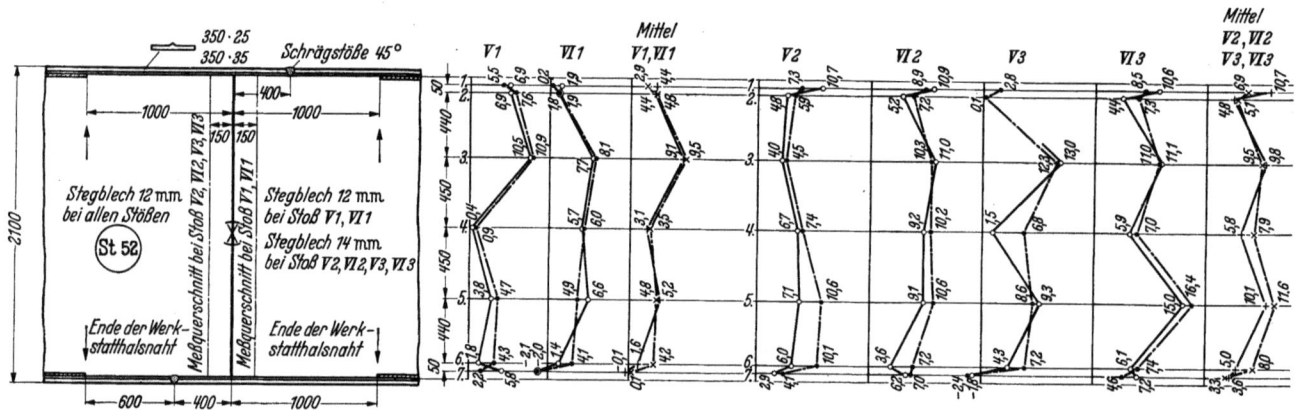

Abb. 27. Bauwerk 2 Dehmsee.

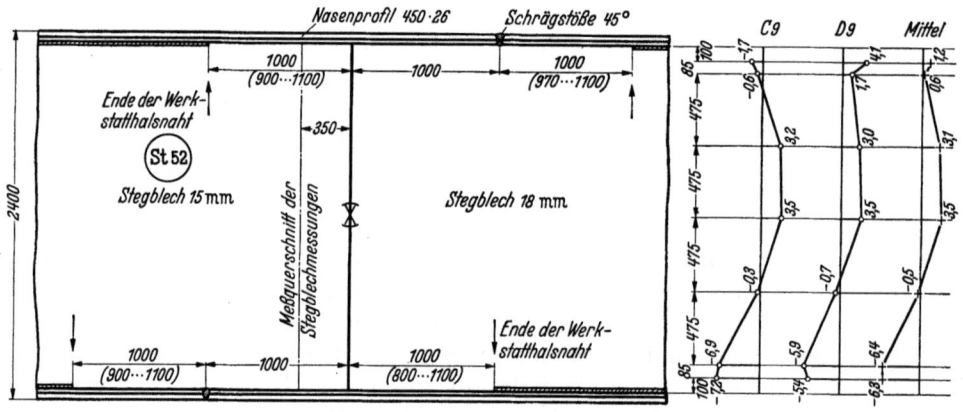

Abb. 29. Bauwerk 4 Hökendorf.
Abb. 26 bis 33. Konstruktive Stoßausbildung und Verspannung zwischen Stehblech und Gurtung. (Spannungen in kg/mm².)

Bauwerk 6 Sprottetal (Abb. 31). Bei diesem Bauwerk wurden besonders ungünstige Verspannungsverhältnisse festgestellt. Die Gründe liegen hauptsächlich in den konstruktiven Bedingungen und zum Teil wohl auch in der Schweißfolge zwischen Gurt- und Steg-

Meßergebnisse.

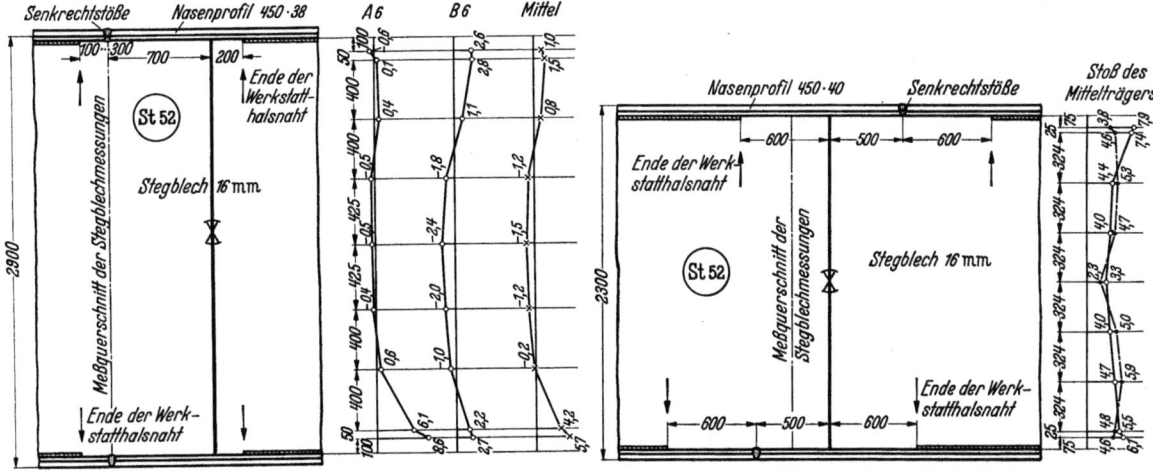

Abb. 28. Bauwerk 3 Bober.   Abb. 30. Bauwerk 5 Queis.

nähten. In konstruktiver Hinsicht wirkten dehnungshemmend das starke Zwischenstück von 30 mm und örtlich die bis dicht an die Stegnaht durchgeführten Längssteifen. Diese Einflüsse wurden verstärkt durch die Fertigschweißung der Halsnähte des 12 mm dicken Stehbleches in der Werkstatt bis dicht an die Stegnaht und durch den stark verzögerten Beginn der Stegnahtschweißung, die erst einsetzte, nachdem die Gurtnähte in halber Plattendicke geschweißt waren. Auch bei diesem Stoß hat die erst nach der Stegnahtschweißung vorgenommene Fertigschweißung der Gurtnähte keine genügende Entlastungswirkung für das Stegblech ausüben können.

Die in der Abb. 31 rechts angegebenen Einzelwerte zeigen die starken, von den Längsaussteifungen ausgehenden Spannungsstörungen. Diese Steifen sind offenbar eine ganz wesentliche Ursache für die großen Spannungen in der Stegnahtzone. Das Spannungsbild ist durch Mittelbildung

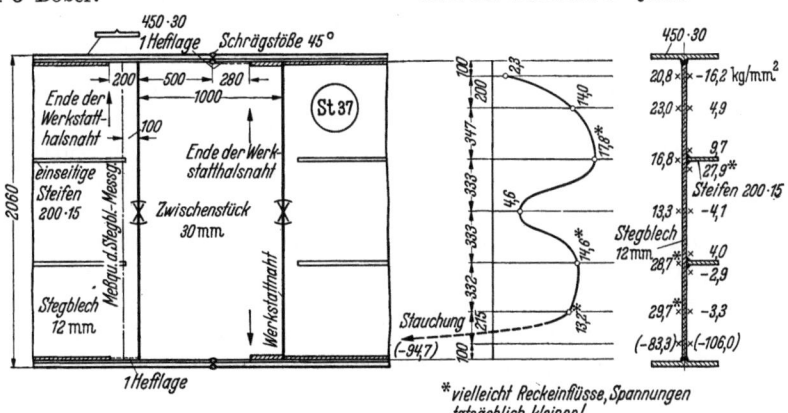

Abb. 31. Bauwerk 6 Sprottetal.

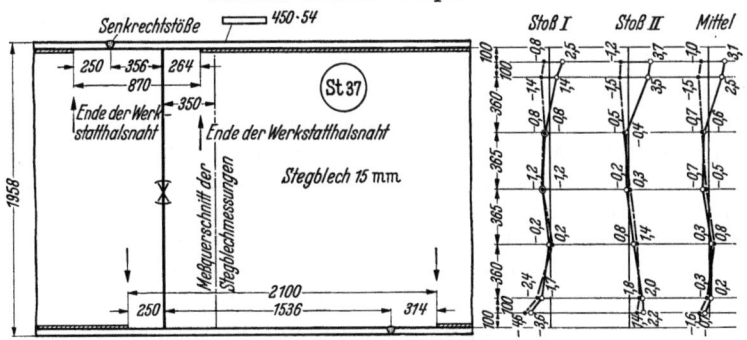

Abb. 32. Bauwerk 7 Lübeck-Eutin.

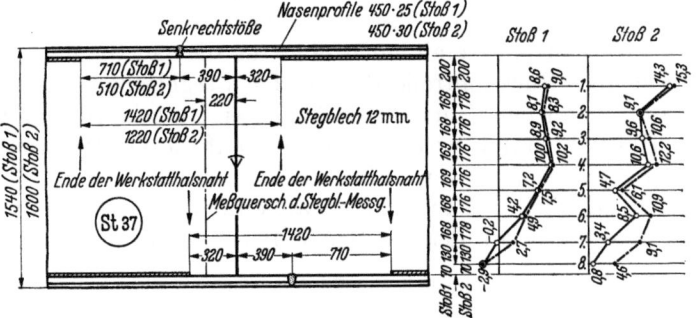

Abb. 33. Bauwerk 8 Klodnitztal.

der über und unter der Steife gemessenen Werte für sich und weiterer Mittelbildung dieses Wertes mit dem auf der steifenfreien Seite gemessenen Wert entstanden. Einzelne der angegebenen Spannungswerte sind vielleicht infolge eingetretener Reckungen zu groß ermittelt und deshalb auch die hieraus berechneten Mittelwerte. Im unteren Teil tritt eine Zone erheblicher Stauchung auf, in der sich kein Spannungswert angeben läßt. Aus diesen Gründen und in Anbetracht des stark wechselnden Spannungsfeldes läßt sich kein genauer Wert für die mittlere Verspannung berechnen. Es genügt jedoch die Feststellung, daß die Verspannung bei diesem Bauwerk sehr groß gewesen ist. Die Spannungsgrößen sind im Hinblick auf den hier verwendeten St 37 besonders beachtlich.

Bauwerk 7 Lübeck-Eutin (Abb. 32). Trotz des recht geringen Verhältnisses von Stegblech zur Gurtung von 0,57 zeigen die für beide Fertigungszustände angegebenen Spannungsbilder Verspannungsfreiheit des untersuchten Stoßes. Die oben wesentlich geringere Dehnlänge hat nicht zu stärkeren Spannungen in den oberen Teilen der Stegnaht geführt. Die Schweißfolge zwischen Stegnaht und Gurtnähten war offenbar sehr zweckmäßig gewählt.

Bauwerk 8 Klodnitztal (Abb. 33). Der ziemlich verzögerte Beginn der Stegnahtschweißung nach bereits erfolgter Gurtnahtschweißung bis auf $1/4$ der Plattendicke verursachte sehr erhebliche Verspannungen. Das geringe Verhältnis $F_s : F_g$ von 0,58 bzw. 0,52 dürfte ebenfalls hierzu beigetragen haben. Für den Stoß 1 des schwächeren Trägers ergibt sich vor Schließen der Halsnähte ein Spannungsmittelwert von 7,7 kg/mm², nach der Fertigschweißung von 7,1 kg/mm²; für den Stoß 2 entsprechende Werte von 10,2 und 7,3 kg/mm². Infolge der gewählten Montagebedingungen tritt während der Stoßschließung eine Änderung der statischen Bedingungen ein, die sich in den Spannungsbildern deutlich äußert. Die entstehenden negativen Momente bewirken erhöhte Zugspannungen in den oberen Teilen der Stegnaht und verminderte in den unteren Zonen. Oben (200 mm unter der Halsnaht) wurden Spannungen bis zu 1500 kg/cm² gemessen. Bei Heranziehung der in den Gurtplatten gewonnenen Ergebnisse ergibt sich, daß dieses äußere Moment infolge der anfänglich fehlenden Halsnahtabschnitte fast vollkommen allein von dem Stegblech aufgenommen werden muß und daß diese statische Wirkung auch nach Fertigschweißung fortdauert. Der gewählte Sprungschritt drückt sich in dem nicht kontinuierlichen Spannungsbild, besonders bei Stoß 2, aus.

2. Die Verspannungs- und Verkrümmungsverhältnisse in den Gurtnahtzonen.

Die Verspannung der Gurtnähte durch Normalkräfte ist durch die im vorhergehenden Absatz mitgeteilten Ergebnisse bereits angegeben. Die mittleren Spannungen ergeben sich durch Multiplikation der angegebenen mittleren Stegspannungen mit den in Tafel I aufgeführten Verhältnissen $F_s : F_g$. Für die Gurtnähte ergeben sich mittlere Spannungen, die dicht bei 0 liegen oder mehr oder weniger große Druckspannungen. Diese mittleren Spannungen selbst können wohl von vornherein in allen Fällen mit Ausnahme der Sprottetalbrücke und der Dehmseebrücke als unwesentlich für die Festigkeit angesehen werden. In den Gurtnahtzonen treten aber außer diesen Spannungen sehr beträchtliche Verkrümmungsspannungen ein, die zum Teil hohe Beträge erreichen. Ursache hierfür ist die in der Nahthöhe nacheinander vor sich gehende Einschmelzung der Nähte, wohl aber auch die aus der Verspannung herrührende Druckbelastung der Gurte, die die Neigung der Gurtnahtzonen zum Ausweichen unterstützt. Nach den Ergebnissen erhält die Verspannung zwischen Steg und Gurtung somit auch eine für die Gurtnahtzonen erhöhte Bedeutung.

Für eine Rückkontrolle der an den Stegblechen gemessenen Verspannungen geben die Messungen an den Gurtplatten keinerlei Unterlagen, worauf besonders hingewiesen wird. Der Halsnahteinfluß wirkt sich gerade auf die Gurtplatten so stark aus, daß diese auch in einem stoßfreien Träger unter starken Druckkräften stehen[1]. In Stoßnähe im Einflußbereich der dicken Nähte treten außerdem zusätzliche Spannungsstörungen auf. Die aus den Messungen an den beiden Plattenoberflächen errechneten Mittelwerte entsprechen

---

[1] Siehe z. B. Schweißtechnik des Bauingenieurs (Berlin: Julius Springer 1939), S. 162, Abb. 31 und 32 oder Stahlbaukalender 1937, S. 409, Bild 15.

deshalb einmal nicht tatsächlichen mittleren Spannungen, andererseits sind sie gegenüber den aus der Stegblechschweißung herrührenden Druckspannungen infolge des Halsnahteinflusses viel zu groß. Der Wert der Gurtplattenmessungen liegt in der Kennzeichnung der Verbiegungserscheinungen und der Verbiegungsspannungen. Auf die Ausführungen über die Vornahme dieser Messungen in Abschnitt IV A 3 wird verwiesen und besonders auf die Ausführungen über die Spannungsermittlung an den Stellen, an denen diese nicht unmittelbar aus Dehnungsmessungen berechnet werden konnten. In den Schaubildern sind diese Ergebnisse besonders gekennzeichnet.

Bei der Darstellung der Ergebnisse konnte nicht wie für die Stegblechmessungen eine einheitliche Darstellung gewählt werden. Die aus den äußeren Verhältnissen sich ergebenden Veränderungen des Meßsystems und die zum Teil recht verwickelten Spannungsverhältnisse machten bei den verschiedenen Bauwerken verschiedene Darstellungsarten notwendig. Für einige Bauwerke genügten einfache Spannungsdiagramme, für andere mußten parallel-perspektivische Darstellungen der Spannungsbilder und die Spannungsmaßstäbe wegen der großen Unterschiede verschieden gewählt werden. Die Schaubilder für die Einzelergebnisse der verschiedenen Bauwerke gestatten deshalb nicht so schnell eine Unterrichtung über die Verhältnisse in den Gurtplatten, wie es für das Stegblech möglich war. Jedoch sind später die für die verschiedenen Bauwerke besonders wichtigen und kennzeichnenden Werte — nämlich die Verbiegungsspannungen in bestimmten Zonen — in einheitlicher Weise graphisch zusammengestellt, woraus sich ein klares, vergleichendes Urteil gewinnen läßt. Im nachstehenden werden zunächst die Ergebnisse für die verschiedenen Bauwerke einzeln auf Grund der Darstellungen der Gesamtergebnisse (Abb. 34 bis 46) besprochen.

a) Ergebnisse an den einzelnen Bauwerken.

Bauwerk 1 Rüdersdorf (Abb. 34 und 35). Getrennt dargestellt für die beiden Gruppen der verschieden starken Träger sind: Meßanordnung, rechts davon die auf den Oberflächen ermittelten Werte und über und unter der Stoßskizze der Spannungsverlauf an den Schmalseiten der Profile. Auf die aus äußeren Gründen notwendige, ungünstige Meßanordnung ist hinzuweisen. Am aufschlußreichsten sind die Ergebnisse an den Schmalseiten, die auch eine Abschätzung der Verhältnisse an den Nahtenden gestatten.

Stoß A_{17} bis B_{18}. Aus den Unterschieden zwischen den Werten auf der oberen und unteren Plattenseite gehen sofort die sehr starken Verkrümmungen, denen diese Stöße unterliegen, hervor. Der Charakter der an den Oberflächen gewonnenen Spannungsbilder ist für alle Stöße gleich, wenn sich auch größere zahlenmäßige Abweichungen im einzelnen, jedoch nicht in der Größenordnung ergeben. Etwas stärker abweichend ist nur das für den Obergurt des Stoßes A_{18} auf der Oberseite gewonnene Bild. Diese Gleichartigkeit bezeugt, daß diese Spannungsverhältnisse kennzeichnend für die konstruktiven und schweißtechnischen Herstellungsbedingungen sind.

Die Messungen in der spitzen Ecke des Schrägstoßes (Schmalseite 0) zeigen sehr erhebliche Druckspannungen an den Unterkanten der Profile sowohl im Obergurt als auch im Untergurt, während an den Oberkanten ganz wesentlich geringere Druckspannungen oder teilweise auch erhebliche Zugspannungen auftreten — im ganzen also starke Verwölbungswirkungen nach oben. An der stumpfen Ecke (Schmalseite 8) sind die Spannungsbilder zum Teil wesentlich günstiger; bei den Stößen B_{17}, A_{18} und B_{18} machen sich jedoch auch hier starke Verkrümmungserscheinungen bemerkbar. Die Spannungsbilder für die Kanten deuten darauf hin, daß die Nahtenden bei allen Stößen unter starken Druckkräften stehen und sogar vielfach nur unter Druckspannungen an der Ober- und Unterseite. Bei den Obergurtnähten von B_{17} und A_{18} ist an den Oberkanten mit erheblichen Zugspannungen zu rechnen, bei einigen anderen mit mäßigen Zugspannungen.

Die sehr starken Biegeerscheinungen an diesen Stößen sind nicht — wie man ohne weitere Versuchsunterlagen annehmen könnte — eine notwendige und unvermeidbare Folge der Profildicke und der unsymmetrischen Nahtform. Die aus den Ergebnissen ebenfalls hervorgehenden Unterschiede im Bereich der spitzen Ecke und der stumpfen Ecke sind

Auswirkungen der durch diese Nahtanordnung hervorgerufenen Unsymmetrie, worauf später ausführlich eingegangen wird.

Stoß A_4 und B_6. Grundsätzlich ergeben sich keine abweichenden Verhältnisse gegen die anderen Stöße, die Verbiegungserscheinungen sind jedoch noch viel stärker. Das gilt besonders für die Untergurte. Die Kantenmessungen in der spitzen Ecke der Untergurte weisen besonders

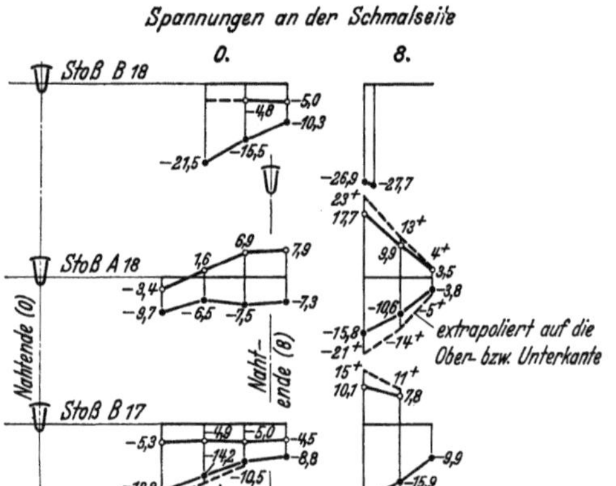

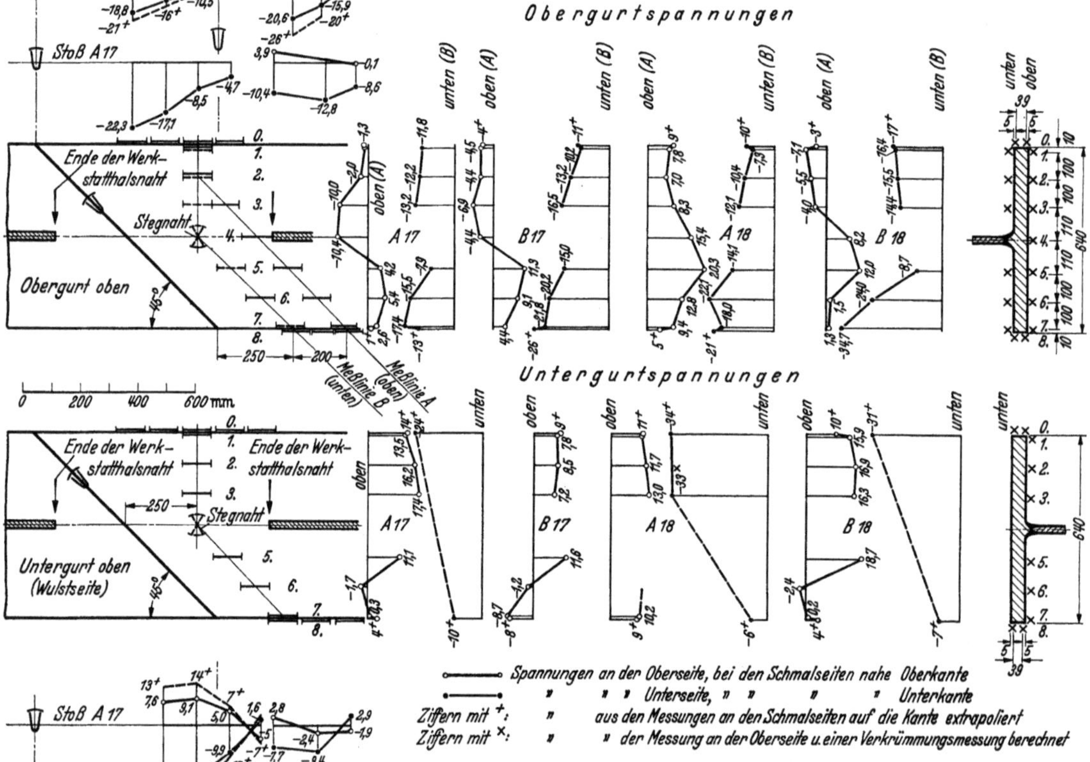

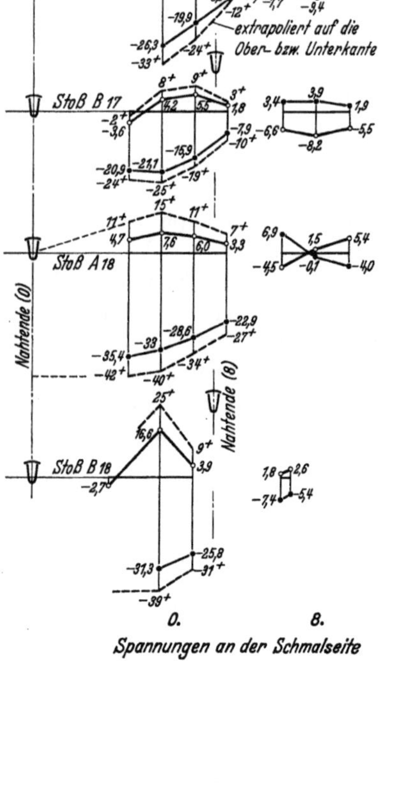

Abb. 34. Bauwerk 1 Rüdersdorf. Spannungen (kg/mm²) in den Gurtplatten. Stöße A_{17}, B_{17}, A_{18} und B_{18}.

große Verbiegungswirkungen nach. Wie sich aus den weiteren Untersuchungen von Schrägstößen zeigen wird, unterliegt hierbei vorwiegend die spitze Ecke — wahrscheinlich in Auswirkung der sich hier mehr stauenden Wärme — starken Verkrümmungseinflüssen. Die Nahtenden stehen auch hier unter Druckkräften, mit erheblichen Zugspannungen an den Oberkanten infolge Biegung ist trotzdem zu rechnen.

Bauwerk 2 Dehmsee (Abb. 36). Die Darstellung gibt die Spannungen für beide Fertigungszustände an. Die Messungen mußten hier wegen der für die Vorkrümmung notwendigen Einrichtungen in größerem Abstand von den Nähten ausgeführt werden, so daß die Beurteilungsmöglichkeit für die Nähte beschränkt ist. Die Ergebnisse lassen sich jedoch bei der späteren vergleichenden Beurteilung gut einordnen.

Aus den Stegblechmessungen hatten sich für die verschieden starken Träger größere Unterschiede in den mittleren Spannungen ergeben. In den Gurtungen sind jedoch diese mittleren Spannungen wegen des verschiedenen Verhältnisses von Steg und Gurtung gleichmäßiger. Alle Stöße zeigen ähnliche Verhältnisse. Die Verteilung über die Breite ist in diesem Abstand von der Naht im allgemeinen recht gleichmäßig.

Alle Platten unterliegen bei den festgestellten Verspannungsverhältnissen starken mittleren Druckbeanspruchungen. Vor Schließen der Halsnähte sind

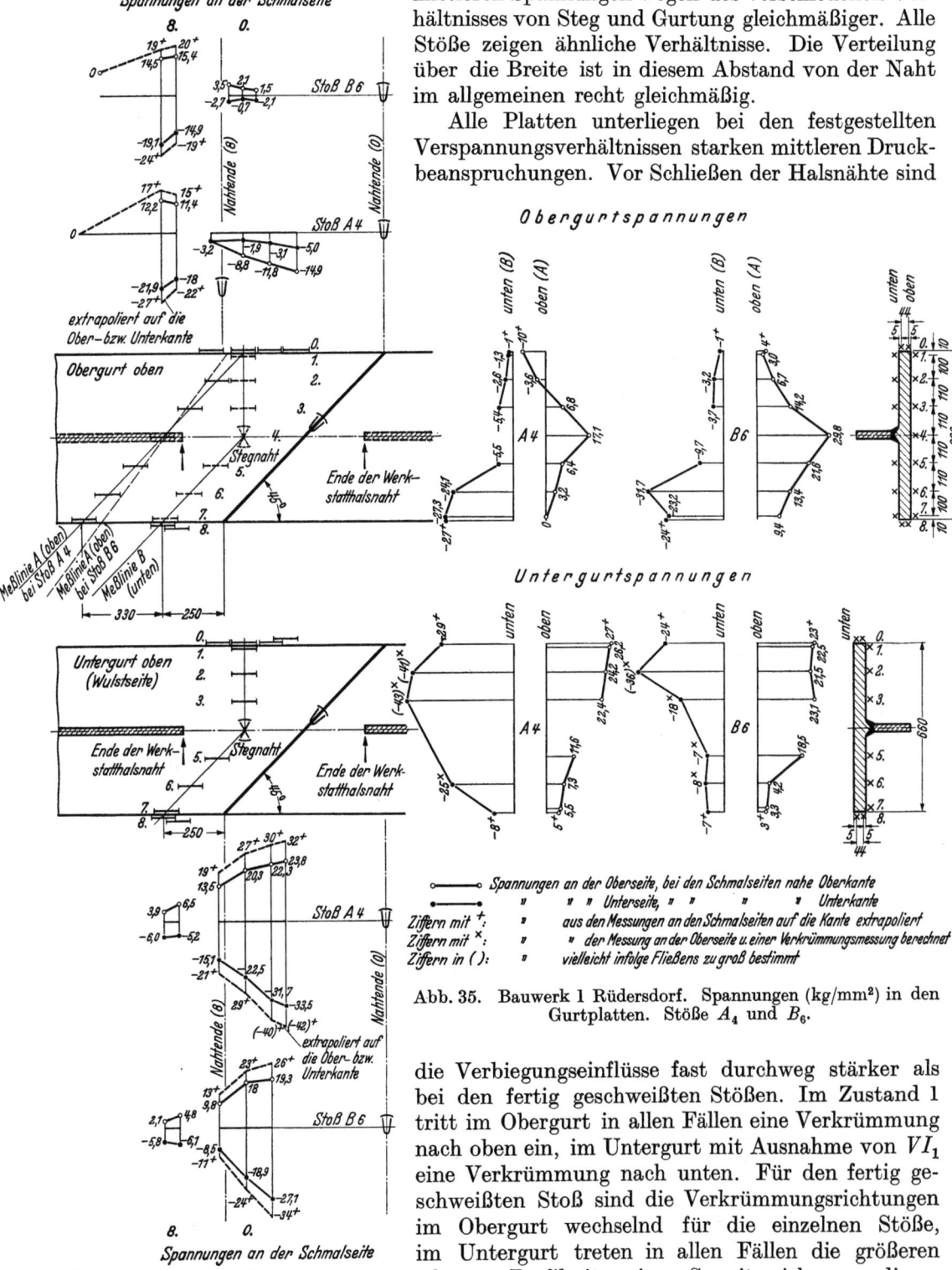

Abb. 35. Bauwerk 1 Rüdersdorf. Spannungen (kg/mm²) in den Gurtplatten. Stöße A_4 und B_6.

die Verbiegungseinflüsse fast durchweg stärker als bei den fertig geschweißten Stößen. Im Zustand 1 tritt im Obergurt in allen Fällen eine Verkrümmung nach oben ein, im Untergurt mit Ausnahme von VI_1 eine Verkrümmung nach unten. Für den fertig geschweißten Stoß sind die Verkrümmungsrichtungen im Obergurt wechselnd für die einzelnen Stöße, im Untergurt treten in allen Fällen die größeren Druckspannungen auf der unteren, ebenen Profilseite ein. Soweit sich aus diesen Messungen entnehmen läßt, hat der Hersteller das Ziel der Vermeidung großer Schrumpfverkrümmungen erreicht; Anzeichen, daß in irgendwelchen Nahtzonen Zugspannungen

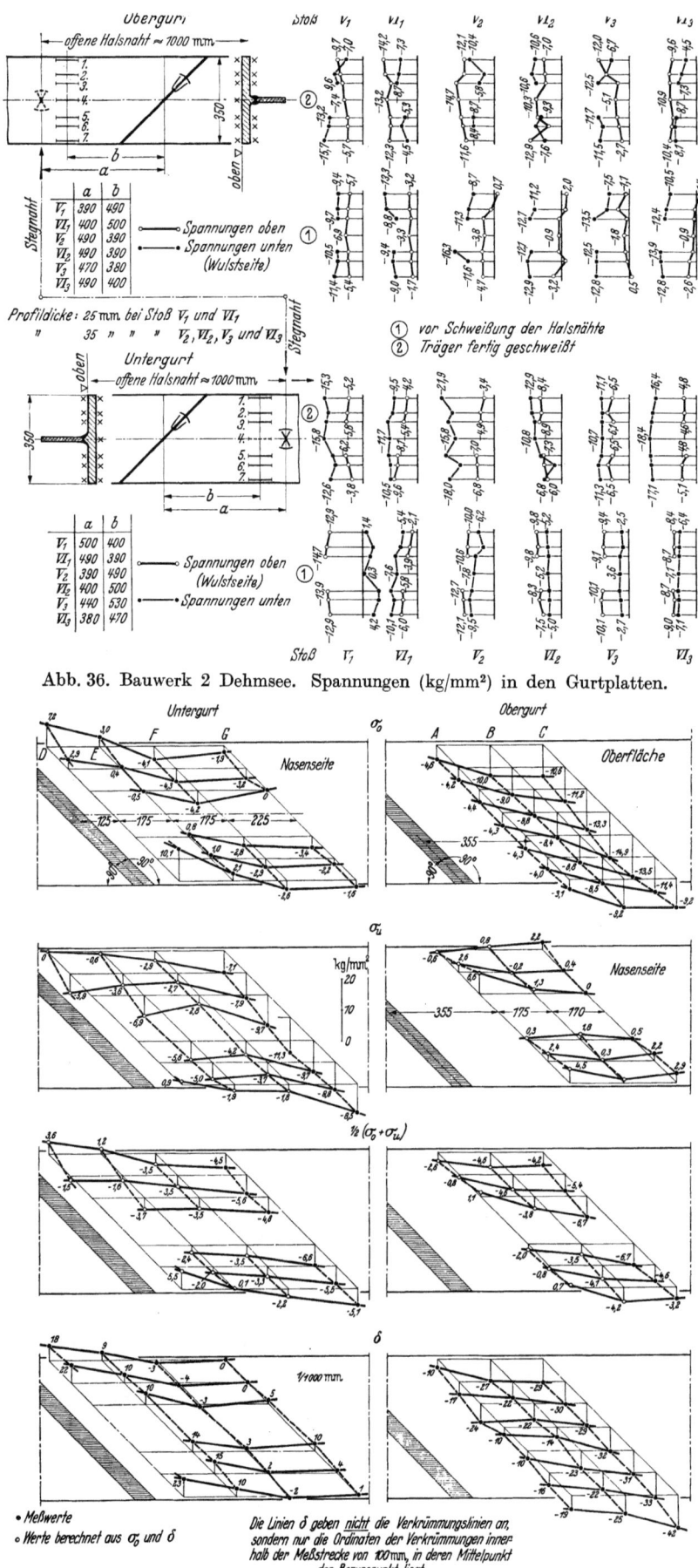

Abb. 36. Bauwerk 2 Dehmsee. Spannungen (kg/mm²) in den Gurtplatten.

Abb. 37. Bauwerk 3 Bober. Spannungen in den Gurtplatten. Stoß A_6.

auftreten, sind nicht vorhanden. Weiteres muß der zusammenfassenden Beurteilung vorbehalten bleiben.

Bauwerk 3 Bober (Abb. 37 und 38). Die Gurtplattenspannungen und die Verkrümmungen (Stichmaße der Verkrümmungen auf 100 mm Meßlänge) sind für die beiden untersuchten Stöße parallel-perspektivisch dargestellt. Die Verspannung war bei beiden Stößen sehr mäßig. Die gemessenen Spannungen sind also vorwiegend auf die Verkrümmungserscheinungen zurückzuführen und zum Teil durch die Halsnähte bedingt. Die Ergebnisse an beiden Stößen sind recht günstig, obwohl auch hier, ein 38 mm dickes Profil und die U-Naht angewendet worden ist. Unmittelbar neben den Nähten — und natürlich auch in diesen — treten gewisse, aber nicht erhebliche Spannungsstörungen über die Nahtlänge ein, die sich aber sehr schnell ausgleichen.

Bei A_6 treten im Untergurt an den Nahtenden mäßige Zugspannungen auf, und zwar die größeren auf der oberen (Nasen-) Seite; im Obergurt, wo die Messungen nicht so dicht an die Nähte heranverlegt werden konnten, können in der Nase etwas größere Zugspannungen aufgetreten sein. Die Verkrümmungen der Platten sind gering.

Bei B_6 steht die Untergurtnaht unter Druck; für die Obergurtnaht kann mit Ausnahme vielleicht der Nasenzonen ebenfalls mit Druckspannungen gerechnet werden. Bei dieser treten die größten Spannungsunterschiede zwischen Ober- und Unterseite und die größten Verkrümmungen in einiger Entfernung von der Naht ein, und zwar in der Mitte der zuerst offenen Halsnahtlänge. Anscheinend hat selbst die mäßige Verspannung, vielleicht aber auch eine Montagemaßnahme vor Schweißung der Halsnähte ein Ausweichen der Gurtplatte nach unten hervorgerufen.

Die von Querschnitt zu Querschnitt veränderlichen Werte $1/2(\sigma_o + \sigma_u)$ weisen übrigens deutlich darauf hin, daß es sich keineswegs um wirkliche Spannungsmittelwerte handelt, sondern daß hier in Auswirkung der Halsnähte starke Druckkräfte aus den Halsnahtzonen eingeleitet werden und daß sich diese Spannungen, ebenso wie die aus der Stoßnaht herrührenden Spannungen in Stoßnähe, durchaus ungleichmäßig über den Querschnitt verteilen. Die Werte sind deshalb, wie anfangs ausgeführt, in keiner Weise zur Ermittlung des Verspannungsgrades geeignet.

Bauwerk 4 Hökendorf (Abb. 39 und 40). Bei den Obergurten konnten hier die Messungen nicht dicht genug an die Nähte herangelegt werden, so daß

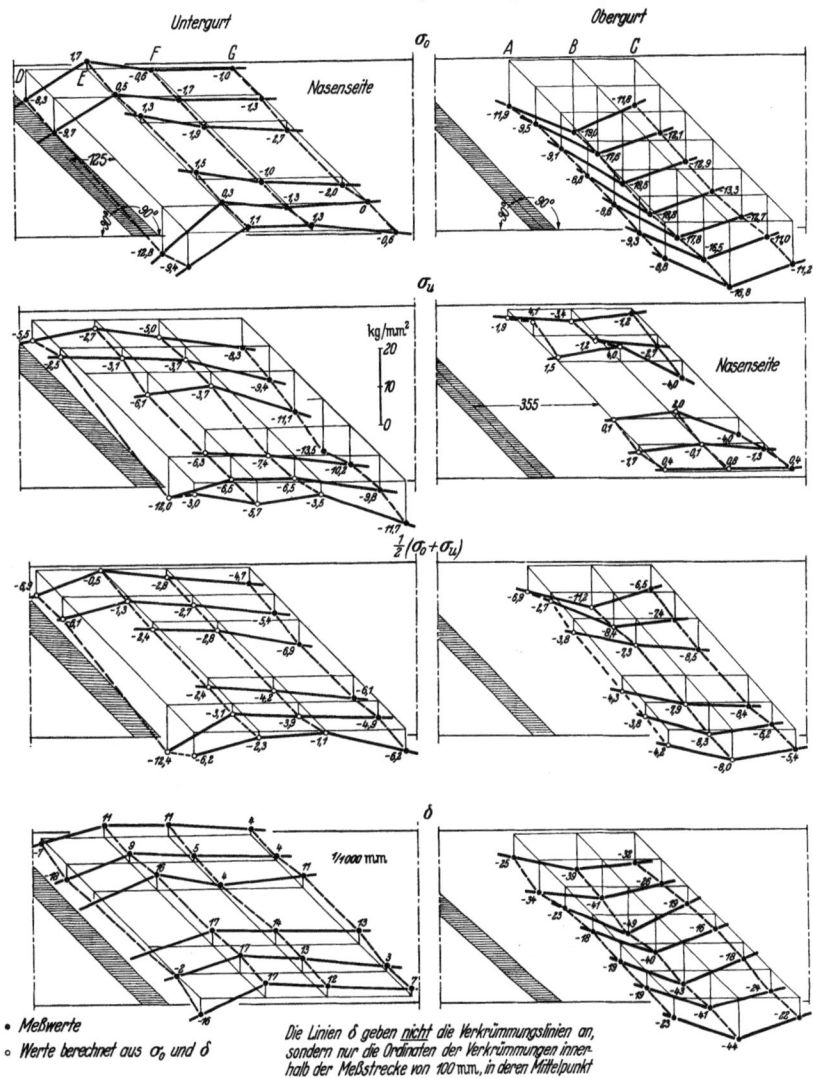

Abb. 38. Bauwerk 3 Bober. Spannungen in den Gurtplatten. Stoß B_6.

die ausgeführten Messungen keine weiteren Aufschlüsse ergaben; gute Einblicke in die Verhältnisse des angewandten Schrägstoßes ergaben jedoch die Messungen an den Untergurtnähten der beiden Stöße C_9 und D_9. Beide Stöße unterscheiden sich nur dadurch, daß die Schräglage spiegelbildlich zueinander ausgeführt worden ist. Die Darstellungen zeigen, daß bei Annäherung an die spitze Ecke der Gurtplatte große Spannungsstörungen in Verbindung mit stärkeren lotrechten Verkrümmungen der spitzen Plattenteile eintreten. Beide Stöße zeigen in der Art sehr gleichmäßige Verhältnisse. Der Größtwert der Verkrümmung liegt nicht unmittelbar in der Naht, sondern in der spitzen Ecke. In der spitzen Ecke treten hohe Druckspannungen auf. An den Nahtenden ist mit geringeren Druckspannungen zu rechnen, da sich nach der stumpfen Ecke ein starker Wechsel vollzieht. Diese verschiedenen Verhältnisse für die spitze und stumpfe Ecke des Schrägstoßes, die ja im Bauwerk kurz hintereinander anschließen, haben vor allem an den Kanten sehr unstetige Spannungsverhältnisse zur Folge und auch sehr verschiedene Spannungsverhältnisse in den Querschnitten an gegenüberliegenden Kanten, was sich wiederum in waagerechten Verformungserschei-

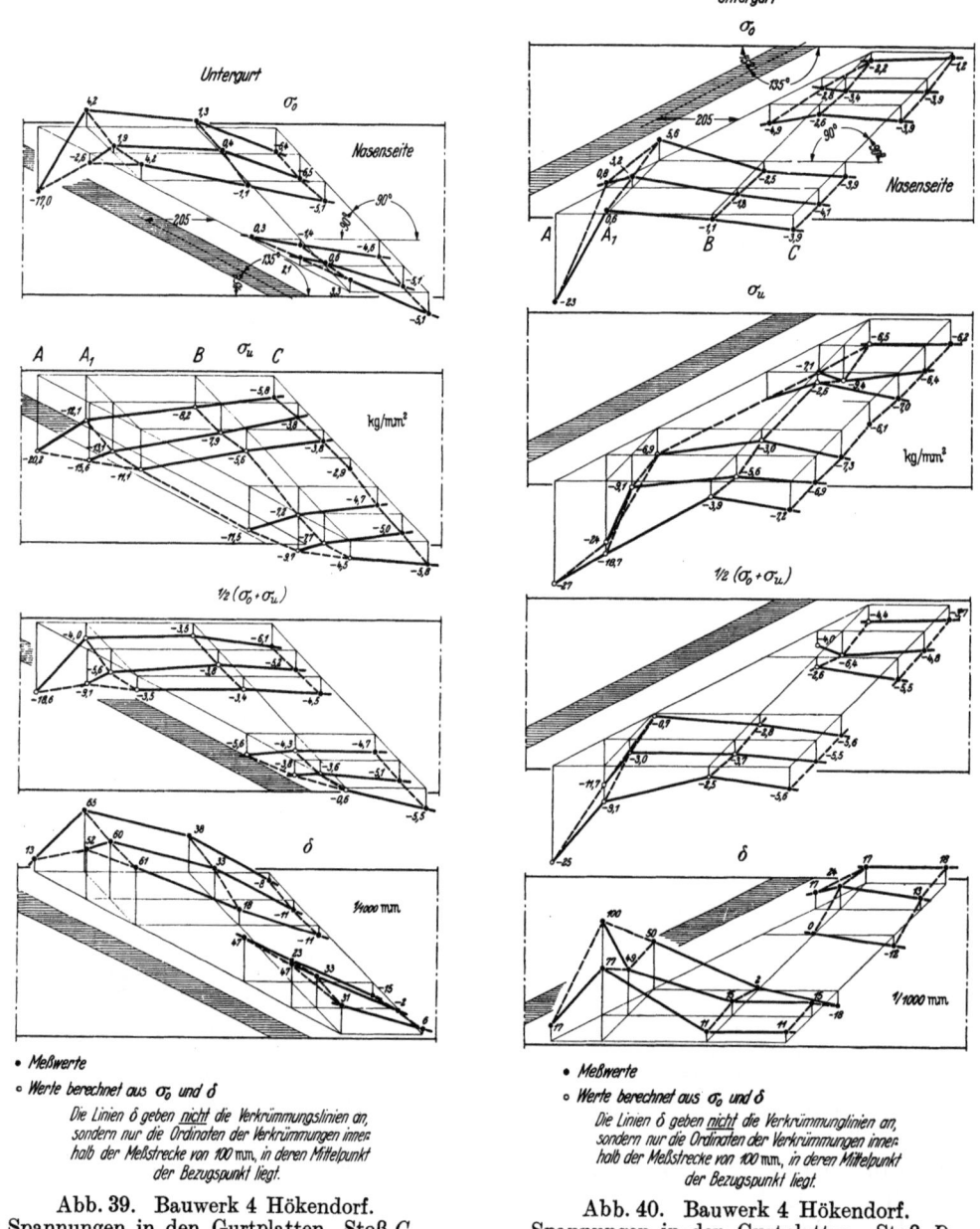

Abb. 39. Bauwerk 4 Hökendorf. Spannungen in den Gurtplatten. Stoß C_9.

Abb. 40. Bauwerk 4 Hökendorf. Spannungen in den Gurtplatten. Stoß D_9.

nungen auswirken muß. Auf diesen Punkt wird später im Zusammenhang einzugehen sein. Abgesehen von diesen Erscheinungen sind die Verhältnisse beider Stöße günstig zu bewerten.

Bauwerk 5 Queis (Abb. 41). Aus der Stegnahtschweißung steht die Gurtung unter Druckkräften. Die Verspannung hatte sich für das Stegblech vor Schließung der Halsnähte zu 4,8 kg/mm² ergeben, woraus sich für die Gurtplatten mit dem Querschnittsverhältnis $F_s : F_g = 0{,}8$ eine mittlere Druckverspannung von 3,8 kg/mm² errechnet. Trotz dieses immerhin noch mäßigen Wertes ergibt sich hieraus ein Einfluß, der ein Ausweichen der Gurtplatten unterstützen kann. Der Stoß entspricht in der Senkrechtanordnung und in dem Profil denen der Boberbrücke. Ein Blick auf das Spannungsbild zeigt sofort, daß dieser Stoß in den Verkrümmungserscheinungen und in den Verbiegungsspannungen ganz wesentlich ungünstigeren Verhältnissen unterliegt. (Der Spannungsmaßstab der Abb. 41 ist wegen der großen Spannungen nur halb so groß gewählt worden wie in den Abb. 37 bis 40.)

Der Untergurt steht auf der Unterseite im Stoßbereich unter sehr hohen Druckspannungen, auf der Nasenseite unter sehr bedeutenden Zugspannungen, die vor allem in der Nase, wo hier erstmalig Messungen ausgeführt worden sind, sehr bedeutende Werte erreichen;

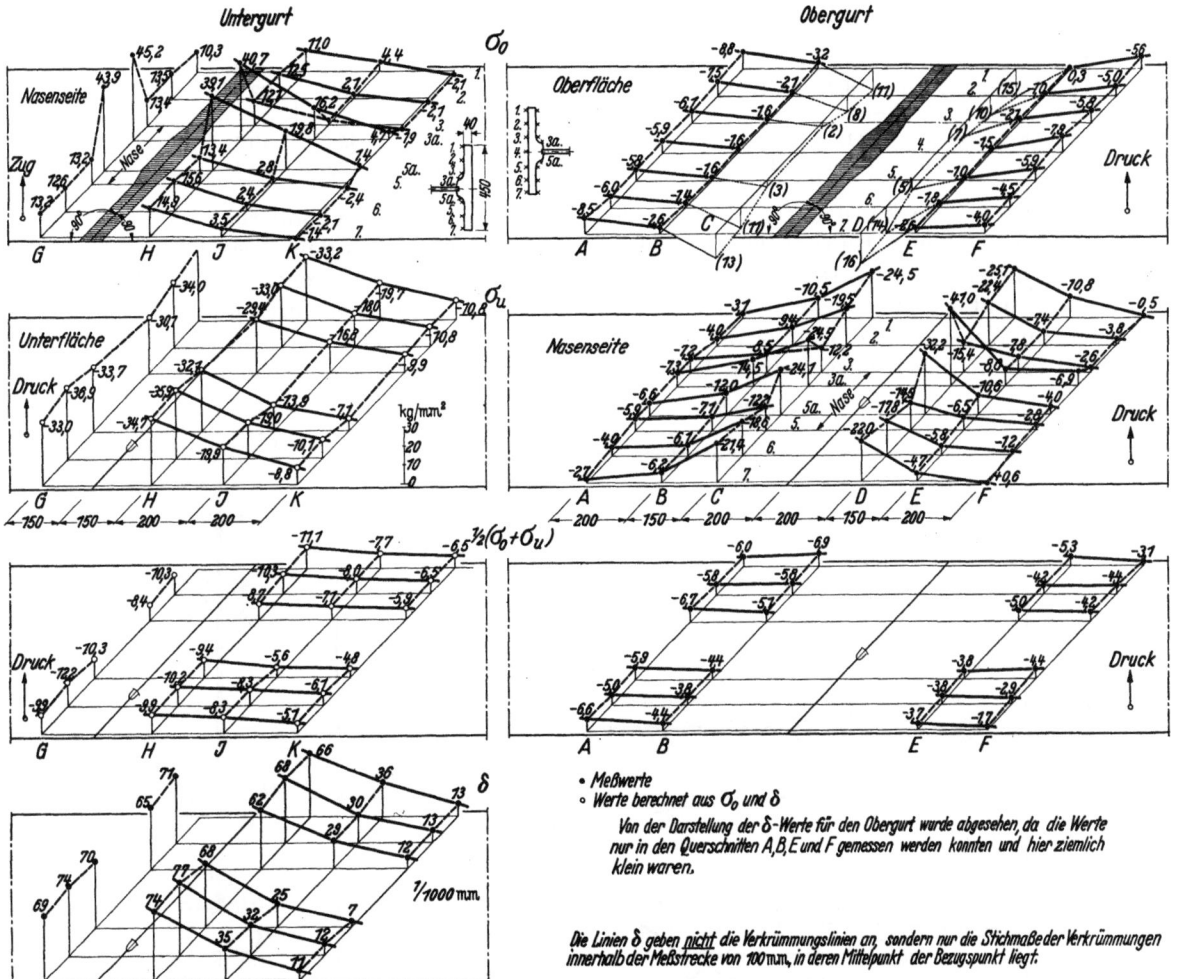

Abb. 41. Bauwerk 5 Queis. Spannungen in den Gurtplatten. Stoß des Mittelträgers.

der größte gemessene Wert ist 45 kg/mm² Zug. Der Obergurt steht auf der ebenen, oberen Seite im Bereich der Stumpfnaht unter merklichen Zugspannungen. Die größten Werte treten an den Nahtenden auf; die Größenordnung dürfte mit 15 bis 20 kg/mm² anzunehmen sein. Auf der Nasenseite treten sehr erhebliche Druckspannungen in der Naht auf, die nach den Nahtenden zu anwachsen und dort wenigstens Werte von 30 kg/mm² annehmen dürften. Die Nase steht unter sehr großen Druckspannungen im Gegensatz zur zugbeanspruchten Untergurtnase; der größte gemessene Wert ist 41 kg/mm².

Eine Gegenüberstellung der an den Nasenmeßstellen vor und nach der Schweißung der Halsnähte ermittelten Spannungswerte (Zahlentafel 6) zeigt, daß diese Spannungen hauptsächlich durch die Schweißung der Stoßnähte entstanden sind, daß es sich also im wesentlichen um Verbiegungsspannungen infolge der Stoßschweißung handelt und daß der Einfluß der dicht benachbarten Halsnähte für ihr Zustandekommen weniger bedeutend ist. Der starke Abfall der Spannungen mit wachsendem Abstand von den Stumpfnähten zeigt ebenfalls, daß es sich zum größten Teil um Beanspruchungen handelt, die durch die Stoßschweißung, nicht aber durch die Halsnähte verursacht sind.

Zahlentafel 6. Spannungen in der Nase (kg/mm²).
Zustand 1: Vor dem Schweißen der Halsnähte. — Zustand 2: Nach dem Schweißen der Halsnähte.

Zu- stand	Obergurt							Untergurt				
	Messung	Meßquerschnitte						Messung	Meßquerschnitte			
		A	B	C	D	E	F		G	H	I	K
1	3a	−3,3	−19,5	−32,0	nicht gemessen			3a	34,1	34,4	22,5	8,5
	5a	−3,8	−18,9	−31,8				5a	35,6	33,3	23,0	6,5
2	3a	−7,3	−14,5	−24,5	−41,0	− 8,0	−6,9	3a	45,2	40,7	16,2	4,7
	5a	−6,6	−12,0	−24,1	−32,2	−10,6	−4,0	5a	43,9	39,1	19,8	1,4

Der wesentliche konstruktive Unterschied gegen die Stöße der Boberbrücke ist in der hier größeren, offenen Halsnahtlänge (1700 gegen 1100 mm) und in dem wesentlich größeren Abstand der vor der Gurtnaht endenden Werkstatthalsnaht (600 gegen 100 bis 300 mm, s. Abb. 28 und 30) zu erblicken. Der Unterschied in den Obergurtnahtformen (bei der Boberbrücke im Nasenbereich Doppel-U-Naht, hier nicht) ist als weniger wesentlich anzusehen, da sich für die gleich ausgeführten Untergurtnähte die gleichen Unterschiede ergeben.

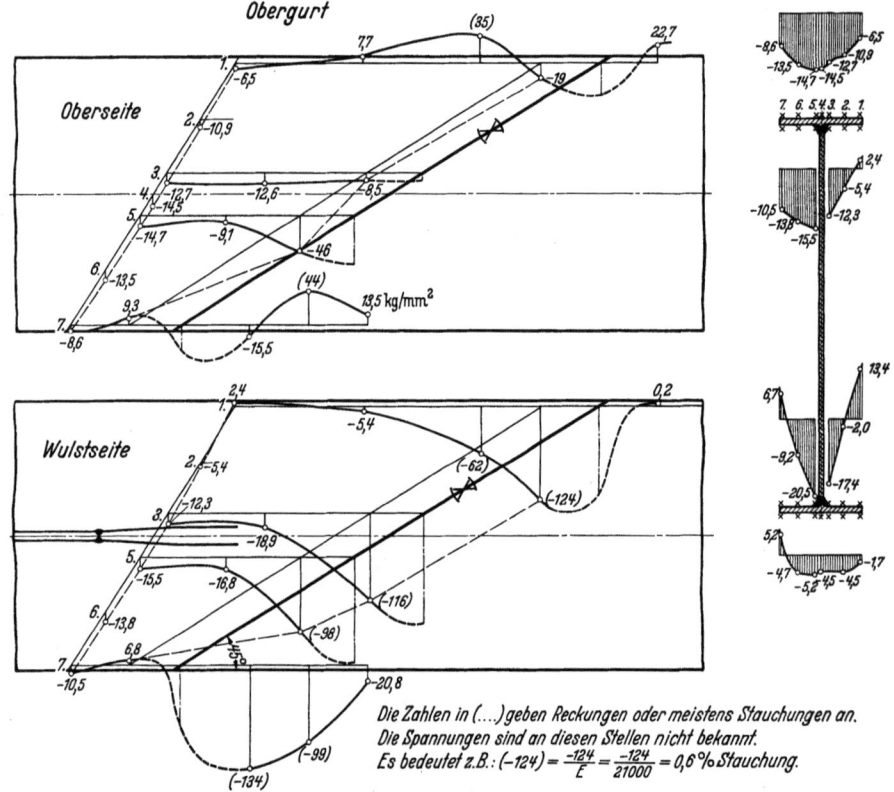

Abb. 42. Bauwerk 6 Sprottetal. Spannungen in den Gurtplatten.

Die Erscheinungen an diesem Stoß lenken neben anderem die Aufmerksamkeit auf die Bedeutung einer einwandfreien Spannvorrichtung bei derartigen schwierigen Schweißarbeiten wie auch auf die Rückwirkung der Verspannung zwischen Steg und Gurtung auf die Verhältnisse in den Gurtnähten. Sie sollen deshalb etwas eingehender untersucht werden.

Die Verspannung belastet die Gurtplatten mit einer Schrumpfkraft $215 \cdot 380 = 81{,}7$ t; der Kraftangriff erfolgt in der Wirklinie der Halsnähte, also etwa an der Nasenbegrenzung und in einem Abstand von $4{,}0 + 1{,}4 = 5{,}4$ cm von der Schwerachse des Profils. Die freie Plattenlänge ist 170 cm. Die Plattenenden stehen durch die anschließenden, durch die

Werkstatthalsnähte bereits gefaßten Plattenteile unter stärkeren Einspannwirkungen. Bei Berechnung der Beanspruchungen unter diesen Lastwirkungen allein — ohne Berücksichtigung der Querwirkung der Spannvorrichtung und der von der Gurtstoßschweißung ausgehenden, zusätzlichen Verkrümmungswirkung — nach den bekannten Theorien des außermittig gedrückten Stabes[1] unter elastischer Endeinspannung ergibt sich:

Eingeleitetes Moment am Ende der Werkstatthalsnaht
$$M = 81{,}7 \cdot 5{,}4 = 441 \text{ t} \cdot \text{cm};$$
entlastendes Einspannmoment
$$M' = \;\;\;\;\;\; = 335 \text{ t} \cdot \text{cm};$$
tatsächliche Exzentrizität
$$e = \frac{M-M'}{P} = 1{,}3 \text{ cm}.$$

Die Durchbiegung der Gurtplatte in der Mitte der freien Länge ergibt sich zu 0,26 cm und daraus das hier wirkende Moment zu
$$M_{\max} = 81{,}7\,(1{,}3 + 0{,}26) = 127 \text{ t} \cdot \text{cm}$$
und daraus die Beanspruchung der äußeren Nasenfasern
$$\sigma_{\max} = \frac{127\,000}{152} + \frac{81\,700}{215}$$
$$= 840 + 380 \simeq 1200 \text{ kg/cm}^2 \text{ (Druck)}.$$

Die Mitte der freien Länge liegt im Obergurt (s. Abb. 23 und 41) 5 cm vom Meßquerschnitt C entfernt zwischen B und C. Nach Zahlentafel 6 und Abb. 41 wurden hier vor Schließung der Halsnähte Nasenspannungen von 32 kg/mm² festgestellt. Ohne die bei der Schweißung verwendete Spannvorrichtung wären also merkliche Nasenspannungen allein aus der Auswirkung der Steg-Gurtverspannung erklärt. Das Auftreten wesentlich größerer Spannungen und der schnelle Abfall der Spannungen von C nach B nach A und ebenso von D nach E nach F, der einer Knickverbiegung nur infolge von Axialkräften nicht entspricht, zeigt aber, daß entlastend die Spannvorrichtung gewirkt hat, dagegen zusätzlich belastend die durch die Gurtstoßschweißung eingeleiteten Momente.

Der Untergurt verbiegt sich ebenfalls nach oben unter Ausbildung hoher Zugspannungen in der Nase. Er folgt damit der durch die U-Naht gegebenen Verkrümmungsrichtung und gibt der durch die Ausbildung der Spannvor-

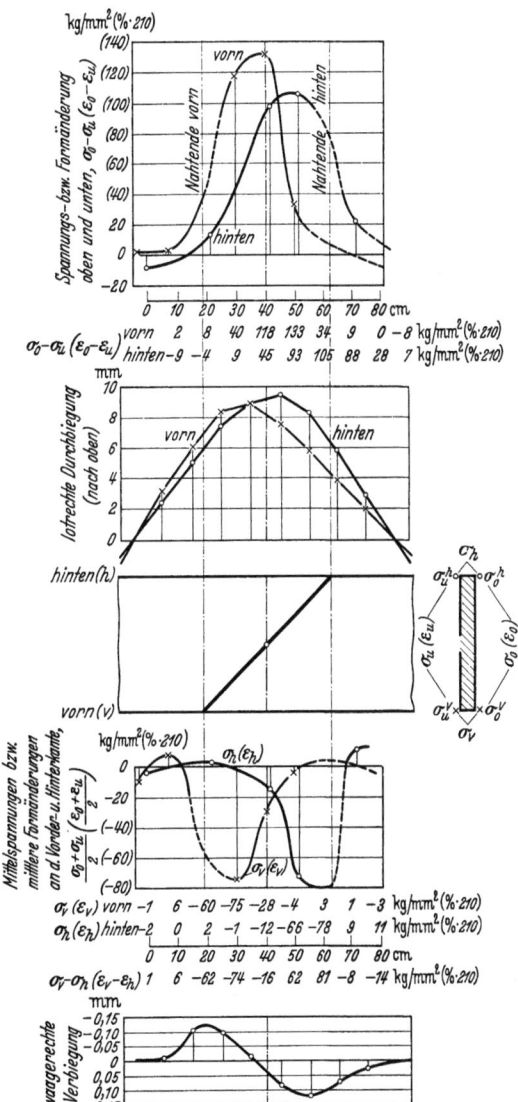

Abb. 43. Bauwerk 6 Sprottetal. Spannungen und Formänderungen im Obergurtstoß.

richtung (Abb. 13) gegebenen Verbiegungsrichtung nach. Diese Einflüsse sind stärker als die zunächst nach der entgegengesetzten Richtung wirkende Knickverbiegung, deren Richtungssinn bei eintretenden größeren Verbiegungen infolge der anderen Einflüsse jedoch wechseln kann. Von Bedeutung zur Vermeidung der hier festgestellten Erscheinungen sind deshalb:

Geringhaltung der Verspannung zwischen Steg und Gurtung,

Unterdrückung der Verbiegung bei der Gurtstoßschweißung durch entsprechende Schweißausführung,

Verhinderung des Ausweichens der Gurtplatten durch Beschränkung der offenen Halsnahtlänge und durch geeignete Spannvorrichtungen.

---

[1] Siehe z. B. H. Zimmermann: Lehre vom Knicken auf neuer Grundlage, S. 20 und 37. Berlin: W. Ernst & Sohn 1930.

38 Messungen und Ergebnisse.

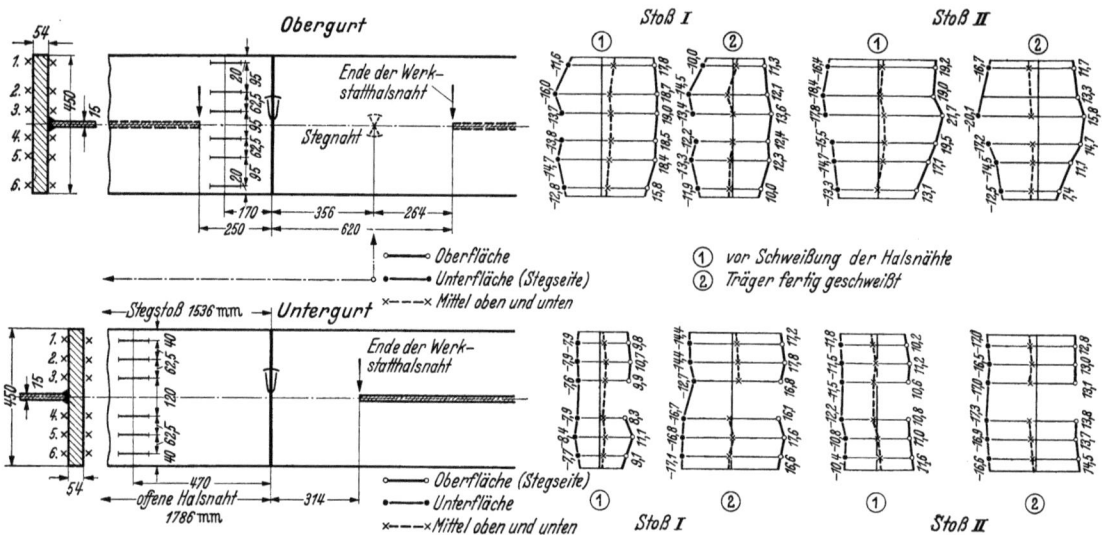

Abb. 44. Bauwerk 7 Lübeck-Eutin. Spannungen (kg/mm²) in den Gurtplatten.

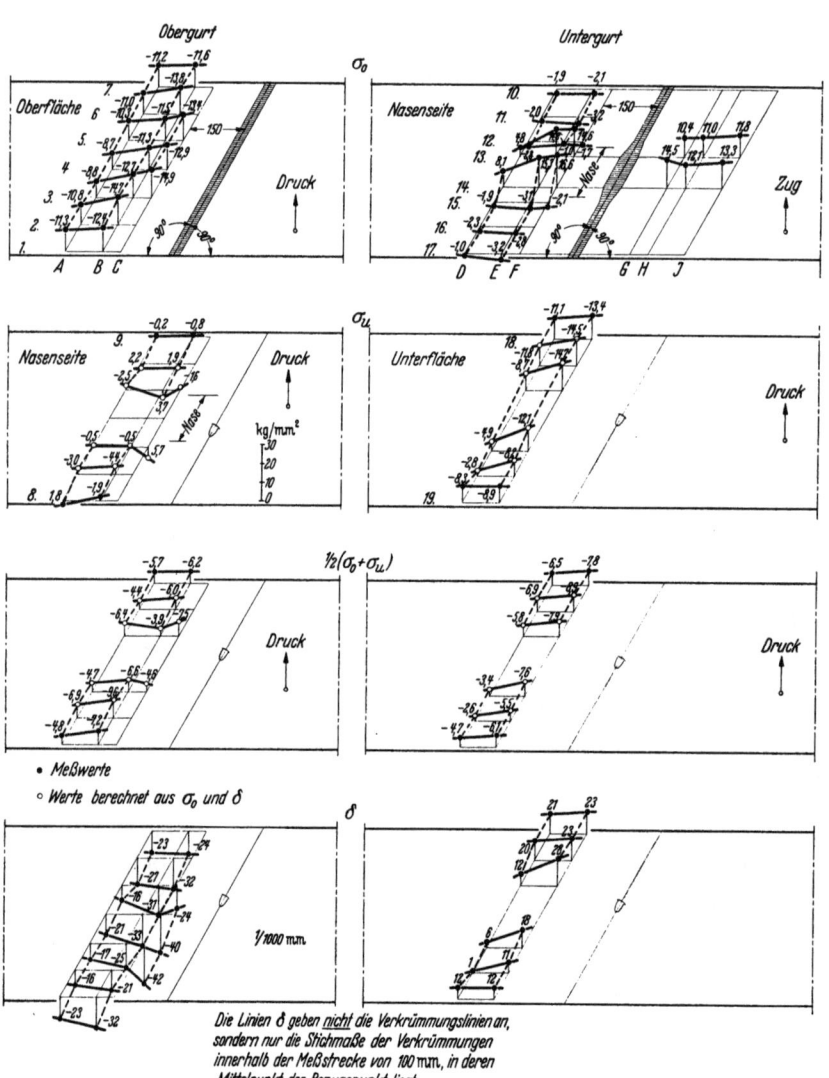

Abb. 45. Bauwerk 8 Klodnitztal. Spannungen in den Gurtplatten. Stoß 1.

Auf diese Fragen wird zurückzukommen sein.

Bauwerk 6 Sprottetal (Abb. 42 und 43). Das Bauwerk ist im Gegensatz zu den vorher behandelten aus St 37 hergestellt. Die Verspannung war nach den Stegblechmessungen sehr beträchtlich. Die Gurtnahtzonen stehen unter merklichen Druckkräften; bei dem Verhältnis $F_s : F_g = 0,8$ sind die mittleren Gurtspannungen etwas geringer als die Stegspannungen. Die Obergurtmessungen sind eingehender durchgeführt als die nur in einem Querschnitt ausgeführten Untergurtmessungen. Die Meßstellenanordnung zeigte Abb. 24. Die Darstellung der Ergebnisse in Abb. 42 für den Obergurt zeigt sofort, daß in den Nahtzonen starke plastische Stauchungen eingetreten sind. Die

Spannungen sind dort aus den Messungen nicht zu entnehmen. Aus den Gleichgewichtsbedingungen ist mit starken verbleibenden Druckspannungen zu rechnen. Die gemessenen Stauchungen erreichen Werte von 0,6 bis 0,7 % (der Gleichmäßigkeit wegen sind diese Stauchungen in den Abbildungen als Spannungswerte geschrieben). Auf der Ober- und Unterseite sind diese Formänderungen sehr ungleichmäßig, also mit starken lotrechten Verbiegungen verbunden. Die Schräganordnung erzeugt auch hier wieder stark ungleichmäßige Verhältnisse über die Breite. Das Spannungsbild rechts zeigt die sehr starke Druckbelastung der Gurtung; die Spannungen rühren zum Teil von der Verspannung her, zum Teil von den Halsnähten.

Die Verkrümmungen wurden bei diesem Stoß nicht unmittelbar gemessen, weil auf Ober- und Unterseite Formänderungsmessungen ausgeführt werden konnten. Die Verbiegungen können aber roh angenähert aus den Formänderungsunterschieden berechnet werden. Die Unsicherheit dieser Berechnung ist durch die ungewisse Spannungs- bzw. Formänderungsverteilung über die Plattendicke gegeben. Immerhin wird eine Berechnung unter der notwendigen Zugrundelegung einer linearen Formänderungsverteilung keine von der Wirklichkeit stark abweichenden Ergebnisse ergeben. Abb. 43 enthält oben die Formänderungsunterschiede, die an den beiden Plattenkanten oben und unten ermittelt worden sind, aus denen sich in einfacher Weise die Verkrümmung errechnen läßt.

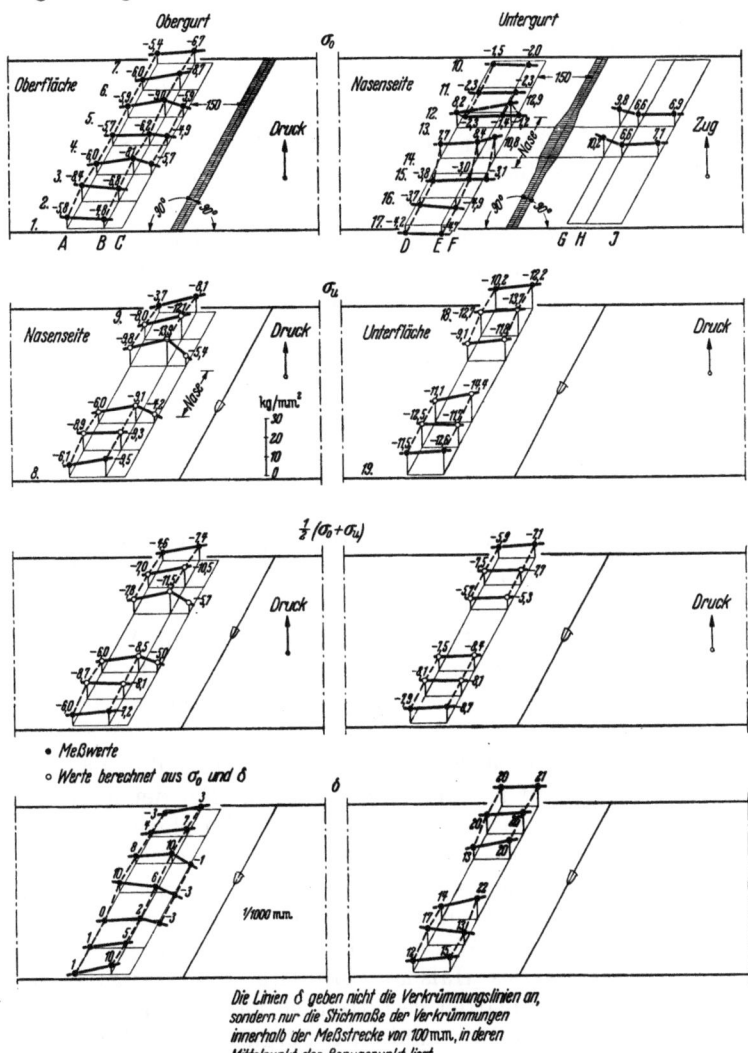

Abb. 46. Bauwerk 8 Klodnitztal. Spannungen in den Gurtplatten. Stoß 2.

Aus den in den einzelnen Meßstrecken bekannten Verkrümmungen läßt sich durch graphische oder rechnerische Summierung die Biegelinie bestimmen, die darunter aufgetragen ist. Die sich auf einen kurzen Bereich erstreckende Abkrümmung nach oben erreicht Werte von 8 bis 9 mm. (Nach Mitteilung des die Messung Ausführenden wurde diese Verbiegung äußerlich sichtbar.) Das Maximum der Biegung liegt neben dem Nahtende nach der spitzen Ecke verschoben. Das untere Bild zeigt die Mittelwerte der an Ober- und Unterseite an der vorderen und hinteren Kante gemessenen Formänderungen. Die starke Ungleichmäßigkeit an Vorder- und Hinterkante in gleichen Querschnitten muß auch zu einer waagerechten Verbiegung führen. Die Berechnung dieser Verbiegung wurde unter den gleichen Voraussetzungen wie oben durchgeführt, obwohl diese Voraussetzungen hier weit weniger erfüllt sind als im ersten Fall. Man kann von dieser Berechnung also im wesentlichen nur einen Aufschluß über die Art der Verkrümmung erwarten und vielleicht ungefähr die

Größenordnung der Ausbiegung. Es ergibt sich eine waagerechte S-förmige Ausbiegung, die sich fast nur auf den Stoßbereich erstreckt. Die Erscheinung ist für den Schrägstoß typisch.

Die ungünstigen Feststellungen an diesem Stoß, der als einziger mit X-Naht in der Gurtung ausgeführt worden ist, zeigen, daß für die Verkrümmungserscheinungen viel wesentlicher als die Nahtform neben einer auf geringe Verkrümmungen bedachten Schweißausführung befriedigende Verspannungsverhältnisse und Unterdrückung der Verkrümmungen durch geeignete Spannvorrichtungen sind — Voraussetzungen, die offenbar hier beide nicht erfüllt waren, was sich bei der Schrägstoßanordnung wahrscheinlich verstärkt bemerkbar gemacht hat.

Bauwerk 7 Lübeck-Eutin (Abb. 44). Dieses aus St 37 erbaute Bauwerk hat die stärksten Gurtplatten von allen untersuchten. Trotz des geringen Steg-Gurtverhältnisses von 0,57 war fast vollkommene Verspannungsfreiheit erreicht worden. Die für die beiden Fertigungszustände gemessenen Gurtspannungsverhältnisse zeigt Abb. 44. Beide Stöße zeigen große Übereinstimmung. Die Messungen ergaben starke Verbiegungsspannungen, die aber in Anbetracht der großen Plattendicke und im Verhältnis zu den in anderen Fällen festgestellten viel höheren Spannungen noch mäßig genannt werden können. Auch wurden keine plastischen Verformungen wie bei dem vorher besprochenen Bauwerk aus St 37 festgestellt. Die in größerer Nahtnähe vorgenommenen Messungen am Obergurt zeigen gegen den Untergurt, bei dem die Messungen aus örtlichen Gründen in wesentlich größerem Abstand ausgeführt werden mußten, keine Unterschiede. An der Untergurtnaht ist wahrscheinlich mit ungünstigeren Verhältnissen in Nahtnähe zu rechnen als im Obergurt, da nach den sonstigen Erfahrungen die Verbiegungserscheinungen nach der Naht zu anwachsen. Die unten wesentlich größere, offene Halsnahtlänge dürfte hier nicht ohne Einfluß geblieben sein. Unter Berücksichtigung der baulichen Umstände ergaben die Gurtmessungen kein besonders ungünstiges Bild.

Bauwerk 8 Klodnitztal (Abb. 45 und 46). Die Verspannung dieser Stöße war aus den Messungen vor Schließung der Halsnähte ziemlich hoch zu 7,7 und 10,2 kg/mm² festgestellt worden. Unter Berücksichtigung der Bemessungsverhältnisse ergeben sich daraus mittlere Gurtdruckspannungen von 4,5 bzw. 5,3 kg/mm². Die Ergebnisse in den Spannungsbildern enthalten außerdem noch den druckverstärkenden Halsnahteinfluß.

Zunächst sei auf folgendes hingewiesen. Bei der angewendeten Montage sollte im Verlauf der Schweißarbeiten eine Veränderung der statischen Verhältnisse der Träger eintreten. Bei den Stegblechmessungen (Abb. 33) war diese Veränderung deutlich zu erkennen. Bei entsprechender Beteiligung der Gurtplatten an der Übertragung dieser Momente müßten in den Meßwerten stark unterschiedliche mittlere Beanspruchungen des Obergurts und des Untergurts eintreten. Wenn auch die dargestellten Messungen nach den früheren Ausführungen infolge des Halsnahteinflusses keine Angabe der wirklichen mittleren Spannungen in den Gurtplatten gestatten, so kann man doch aus der Gleichartigkeit der Spannungsverhältnisse im Ober- und im Untergurt [besonders der Werte $1/2(\sigma_o + \sigma_u)$] den sicheren Rückschluß ziehen, daß die Gurtung an der Übertragung dieser äußeren Momente unbeteiligt geblieben ist. Für die Durchführung der Schweißarbeiten und Montagemaßnahmen unter solchen Verhältnissen ergeben sich daraus besondere Hinweise.

Die Verhältnisse in beiden Stößen sind ziemlich gleichartig. Die Verbiegungsspannungen sind nicht hoch; Zugspannungen in den Platten der Profile treten fast überhaupt nicht auf, die Druckspannungen erreichen Beträge bis 15 kg/mm². In den Plattennähten sind überwiegend Druckspannungen, in manchen Zonen vielleicht Zugspannungen mäßiger Größe zu erwarten. Die Nasen der Obergurte zeigen mäßige Druckspannungen oder Zugspannungen, die der Untergurte merkliche, jedoch nicht übermäßig hohe Zugspannungen. Auch diese Messungen bestätigen die geringen Verbiegungen dieser Stöße.

b) Die Verbiegungen der Gurtnahtzonen.

Bei dem großen vorliegenden Material ist es schwer, einen Überblick über die verschiedenen Verhältnisse zu gewinnen und sich daraus ein Urteil über die Zweckmäßigkeit der

Meßergebnisse.

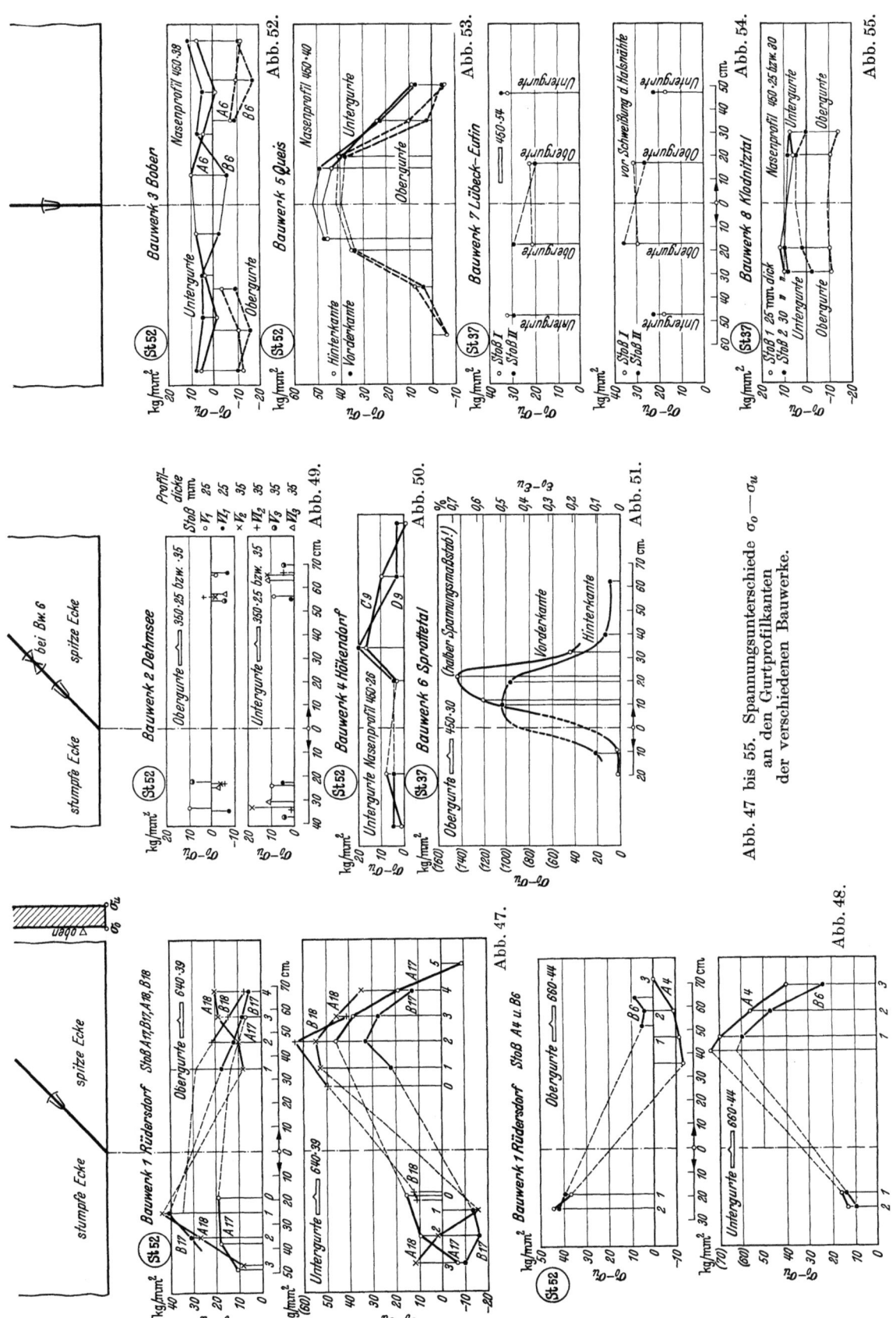

Abb. 47 bis 55. Spannungsunterschiede $\sigma_o - \sigma_u$ an den Gurtprofilkanten der verschiedenen Bauwerke.

Herstellungsbedingungen zu bilden. In den folgenden Darstellungen sind deshalb die die Verhältnisse besonders kennzeichnenden Verbiegungsspannungen für alle Bauwerke in den Abb. 47 bis 55 zusammengestellt. Aufgetragen wurden nicht die Spannungen selbst, sondern die Spannungsunterschiede $\sigma_o - \sigma_u$, und zwar die an den Walzkanten der Gurtprofile gewonnenen Werte.

Das Nahtende an der Kante ist in den Spannungsbildern durch eine durchgezogene strichpunktierte Linie gekennzeichnet, die Ordinaten der Spannungswerte sind in einem dem Abstand der Meßstellen wirklichkeitsgetreuen Maßstabe von diesem Nahtende (bei den Schrägstößen also nicht von Nahtmitte) eingetragen. Da es sich um die Erfassung der systematischen Erscheinungen handelt, sind die in den meisten Fällen nur rechts oder nur links von der Naht, aber an der Vorder- und Hinterkante gemessenen Werte sinngemäß auf die Vorderkante übertragen, d. h. bei den Schrägstößen wurden z. B. an der Hinterkante in der stumpfen Ecke rechts von der Naht ermittelten Werte auf die in den Darstellungen links liegende stumpfe Ecke übertragen, um auf diese Weise die Unterschiede zwischen spitzer und stumpfer Ecke deutlich zu machen. Soweit die Messungen bis dicht genug an die Naht heran ausgeführt worden sind, ist der wahrscheinliche Verlauf der Spannungslinien im Nahtbereich durch dünnere Linien gekennzeichnet. Die Abbildungen enthalten außerdem noch Angaben über die Profilgrößen, weil diese bei der Beurteilung nicht außer acht zu lassen sind. Positive Werte $\sigma_o - \sigma_u$ geben Verkrümmungen nach oben an.

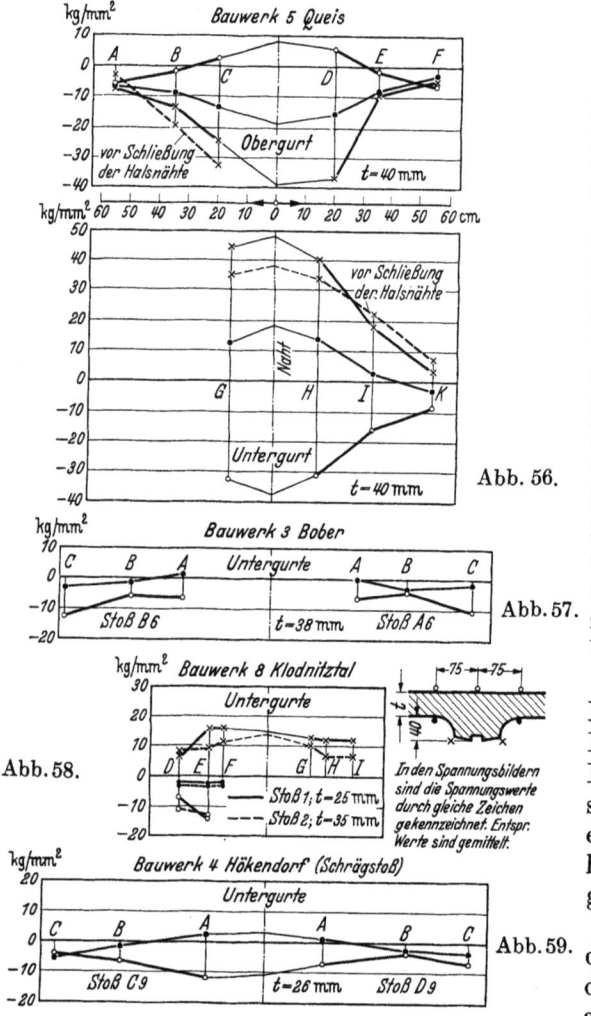

Abb. 56 bis 59. Spannungen in den Gurtnahtzonen der Nasenprofile verschiedener Bauwerke.

Die für die verschiedenen Stöße des gleichen Bauwerkes festgestellten Kurven zeigen unter Berücksichtigung der in den verschiedenen Bauwerken untereinander auftretenden Unterschiede große systematische Gleichmäßigkeit — ein Beweis dafür, daß es sich um Erscheinungen handelt, die an die Herstellungsbedingungen geknüpft sind.

Bei einem flüchtigen Überblick fallen sofort die hohen Werte des Rüdersdorfer Bauwerks, der Sprottetalbrücke und der Queisbrücke auf. Die ersteren beiden haben Schrägstoßanordnung, die letztere Senkrechtstöße, die Sprottetalbrücke hat als Baustoff St 37, die anderen St 52. Bei dieser gibt die Auftragung nicht Spannungsunterschiede, sondern Formänderungsunterschiede an, der Maßstab ist wegen der großen Werte nur halb so groß wie bei sämtlichen anderen gewählt worden (die Darstellung entspricht den Werten in Abb. 43 oben, nur daß in der Abb. 51 aus Gründen der Gleichmäßigkeit die hinten gemessenen Werte spiegelbildlich nach vorn übertragen wurden, so daß die Nahtenden im Gegensatz zu Abb. 43 in der gleichen Ordinate liegen).

Bei den Schrägstößen zeigen noch recht günstige Verhältnisse die der Bauwerke Dehmsee und Hökendorf. Bei dem ersteren ist das Ziel des angewendeten Vorkrümmungsverfahrens offenbar erreicht worden. Unterschiede zwischen den beiden Plattendicken bestehen nicht, auch die 35 mm dicken Platten haben geringe Biegungsspannungen. Die wechselnden Verbiegungsrichtungen im Obergurt zeigen, daß man theoretisch auf diese

Weise zu einem verbiegungsfreien Zustand gelangen könnte. Jedoch zeigen auch die Werte des ohne diese Maßnahmen bei der gleichen Stoßanordnung ausgeführten Bauwerks Hökendorf, daß man auch auf andere Weise zu etwa gleich befriedigenden Verhältnissen gelangen kann, wenn auch die vergleichende Beurteilung durch die hier nur angewendete Plattendicke von 26 mm etwas beschränkt ist.

Sehr günstig ist das Bild der Boberbrücke. Die Verbiegungsspannungen sind im Verhältnis zur bereits recht erheblichen Profildicke von 38 mm klein. Für die Beurteilung der Zweckmäßigkeit der offenen Halsnahtlänge und der Wirkung der Spannvorrichtung erscheint der Hinweis nicht unwesentlich, daß die Obergurtverbiegungen entgegen der sonst vorherrschenden Verbiegungsrichtung, die durch die Verkrümmungswirkung der Gurtnähte gegeben ist, eingetreten ist. Die nach den Abmessungsverhältnissen der Boberbrücke sehr gut vergleichbare Queisbrücke zeigt sehr starke Verbiegungswirkungen. Die Verhältnisse im Obergurt und Untergurt sind gleich. Die Biegungsspannungen weisen auf eine merkliche gemeinsame Biegung beider Gurte nach oben hin — eine Feststellung, die gewisse Rückschlüsse auf die Wirkung der Spannvorrichtung zuläßt. Die darunter gegebene Darstellung für das Bauwerk Lübeck-Eutin zeigt Werte, die zwischen denen der Bober- und der Queisbrücke liegen. In Anbetracht der sehr großen Profildicke von 54 mm können nach Auffassung des Berichterstatters die Verhältnisse noch nicht als ungünstig beurteilt werden, wenn auch Möglichkeiten zur Erreichung besserer Verhältnisse vorhanden sind. Die mit geringerer Profildicke ausgeführte Klodnitztalbrücke zeigt ebenfalls günstige Biegespannungsverhältnisse.

In den mittleren Querschnittzonen der Gurtplatten sind diese Verbiegungsverhältnisse ähnlich. Die Verbiegungen wirken sich besonders in den hervorstehenden Profilteilen durch erhöhte Randspannungen aus. Um dies deutlich zu machen, sind in Abb. 56 bis 59 die Spannungen in den mittleren Querschnittzonen für die Bauwerke, in denen Nasenprofile verwendet wurden, noch einmal in gleichartiger Darstellung zusammengestellt, dabei auch für die Queisbrücke und die Klodnitztalbrücke die dort gemessenen Spannungen in den Nasen selbst. Bei den anderen Bauwerken, in denen diese Spannungen nicht bekannt sind, lassen sich die Biegungsverhältnisse aus den Unterschieden der Spannungen auf der ebenen Profilseite und der die Nase tragenden Seite leicht übersehen.

Man gelangt auch aus diesen Werten zu der gleichen Beurteilung wie aus den Biegespannungen für die Profilkanten. Die weit auseinander verlaufenden Linien für die Queisbrücke zeigen die hier auftretenden starken Biegeeinflüsse. Die gestrichelt eingetragenen Nasenspannungen vor Schließung der Halsnähte sind ein Beweis dafür, daß es sich im wesentlichen um Einflüsse der Quernahtschweißung und nicht etwa der Halsnähte handelt. Die dicht beieinander liegenden Linien der Boberbrücke für Ober- und Unterfläche der Profile besagen, daß auch in den Nasen infolge der Biegung nur Spannungen bis 10 kg/mm² Zug aufgetreten sind. Bei dem Hökendorfer Bauwerk können die Nasenspannungen infolge Biegung wegen der geringeren Plattendicke bei gleich hoher Nase etwas ungünstiger gelegen haben. Die Nasenspannungen bei der Klodnitztalbrücke liegen ebenfalls nur bei 10 bis 15 kg/mm².

c) Verformungen und Spannungen des schrägen Stoßes.

Wie aus den mitgeteilten Ergebnissen hervorging, machten sich bei den schräg angeordneten Stößen an den Kanten auffällige Verformungs- und Spannungserscheinungen bemerkbar. Besonders aufschlußreich sind die diesbezüglichen Feststellungen an dem Rüdersdorfer Bauwerk und an der Sprottetalbrücke. Die Verformungserscheinungen sind am deutlichsten aus den Darstellungen der Spannungsunterschiede $\sigma_o - \sigma_u$ in Abb. 47, 48 und 51 zu entnehmen. Auch das Hökendorfer Bauwerk (Abb. 50) weist gleiche Erscheinungen, wenn auch in wesentlich geringerer Größe auf. Verfolgt man den Verlauf der Linien im Bereich der spitzen und der stumpfen Ecke, so erkennt man, daß regelmäßig ein Biegungsmaximum entweder in der spitzen oder in der stumpfen Ecke auftritt. In den meisten Fällen, und zwar bei allen 6 Untergurtstößen des Rüdersdorfer Bauwerks, bei den Stößen des Hökendorfer Bauwerks und dem Stoß der Sprottetalbrücke — treten diese ausgesprochenen Größtwerte in der spitzen Ecke auf; sie erreichen hier unverhältnismäßig größere

Werte als in den stumpfen Ecken. Ausgesprochene Abweichungen hiervon sind bei den Obergurtstößen A_4 und B_6 (Abb. 48) und in gleicher Art, wenn auch viel geringerer Größe bei den Obergurtstößen A_{18} und B_{17} (Abb. 47) festzustellen, während bei dem Obergurtstoß A_{17} die Verhältnisse in der spitzen und stumpfen Ecke ziemlich gleichmäßig sind. Es ist daraus zu entnehmen, daß bei der Schrägstoßanordnung in der Regel sehr wechselnde Verhältnisse im Bereich der spitzen und der stumpfen Ecke auftreten und daß sich die größten Verbiegungen meistens, wenn auch nicht immer, in der spitzen Ecke konzentrieren. Es ist wohl anzunehmen, daß die Wärmekonzentration in den spitz zugeschnittenen Plattenenden das Eintreten der Verbiegungen gerade hier begünstigt. Die sehr großen Verbiegungsspannungen in diesem Bereich bei einigen der Stöße des Rüdersdorfer Bauwerks und die entsprechenden großen Biegeverformungen bei dem weicheren Material der Sprottetalbrücke dürften bei der Beurteilung des Schrägstoßes nicht unbeachtet bleiben. Es zeigt sich zwar an dem Hökendorfer Bauwerk, daß bei sonst befriedigenden Verhältnissen auch diese Schwierigkeiten gemeistert werden können; offenbar verstärken sich aber bei der Schräganordnung die durch andere nicht zweckmäßige Bedingungen — zu weit offene Halsnähte, starke Verspannung, ungeeignete Spannvorrichtung usw. — eintretenden Verbiegungseinflüsse. Das Beispiel der Queisbrücke (Abb. 53) zeigt aber auch andererseits, daß unter Umständen bei dem Senkrechtstoß aus anderen Gründen gleich große Verbiegungswirkungen eintreten können. Man kann deshalb in der Schrägstoßanordnung einen recht erschwerenden Faktor, aber nicht den ausschlaggebenden Faktor für die Verkrümmungen sehen.

Bei Mitteilung der Ergebnisse der Sprottetalbrücke war schon darauf hingewiesen worden, daß die verschiedenen Beanspruchungen in der spitzen und in der stumpfen Ecke auch zu waagerechten Verbiegungen führen müßten. Die Art dieser Verbiegung war in Abb. 43 unten auf Grund einer Berechnung aus den an Vorder- und Hinterkante dieses Stoßes festgestellten Formänderungswerten dargestellt. Für alle untersuchten Schrägstöße ließen sich ähnliche Linien ableiten; es handelt sich hier um eine dem Schrägstoß eigentümliche S-förmige Verbiegung in waagerechter Richtung, die sich auf ein sehr kurzes Bereich erstreckt, deren Größe bei dem quersteifen Profil natürlich nur gering ist trotz der großen Unterschiede an den beiden Kanten. Die scharfe Abkrümmung der Biegelinie der Profilkanten etwa an den Nahtenden kommt wohl so zustande, daß die spitzen Keile der Plattenenden unter der Wirkung der dort auftretenden Druckkräfte (als Mittel über die Plattendicke gerechnet, wobei trotzdem sehr große Biegezugspannungen auftreten können) gleichsam seitlich herausgebogen werden.

V. Beurteilung und Folgerungen.
A. Vorbemerkung.

Die Ergebnisse zeigten die großen Unterschiede in den Spannungs- und Verformungsverhältnissen der Stöße der verschiedenen Bauwerke. Aus den Meßergebnissen ging auch hervor, daß es sich nicht um zufällige und deshalb nicht beherrschbare Erscheinungen handelt, sondern daß die erreichten Verhältnisse eine unmittelbare Folge der konstruktiven, montagetechnischen und schweißtechnischen Herstellungsbedingungen sind. Die in manchen Fällen im Verhältnis zu der vorliegenden, schwierigen Aufgabe erreichten, überraschend guten Lösungen einerseits und die in manchen Fällen auffälligen Erscheinungen andererseits werden es auch Betrachtern, die vielleicht die Vermeidung großer Querverspannungen unter solch schwierigen Bedingungen für eine unlösbare Aufgabe hielten, erwünscht erscheinen lassen, die konstruktiven, montagetechnischen und schweißtechnischen Herstellungsbedingungen herauszuarbeiten, durch die besonders ungünstige Verhältnisse, für deren Unschädlichkeit kein schlüssiger Beweis zu erbringen ist, vermieden werden.

Es kann zwar nach den vorliegenden Beobachtungen kein Zweifel daran bestehen, daß die Herstellungsbedingungen in typischer Weise in den verbleibenden Spannungen und Verformungen zum Ausdruck kommen. Es ist aber schwierig und in manchen Fällen überhaupt nicht eindeutig möglich, die verschiedenen Einflußgebiete zu trennen — das besonders deshalb, weil Untersuchungen wie die vorliegende nicht unter systematisch variierten Herstellungsbedingungen, sondern an praktisch ausgeführten Bauwerken mit allen dort auftretenden Veränderlichen ausgeführt werden müssen. Trotzdem ist die Schlußfolgerung in manchen Fällen zwingend; in mancher Beziehung kann sie jedoch mehr oder weniger von der subjektiven Auffassung des Beurteilers abhängen. Bei der folgenden Beurteilung werden deshalb einige der von dem Berichterstatter gezogenen Folgerungen ohne weiteres allgemeine Zustimmung finden, während das bei anderen nicht oder weniger der Fall sein wird. Sie mögen in diesem Fall als Diskussionsgrundlage betrachtet werden; die ausführlich mitgeteilten Einzelergebnisse geben jedem daran Interessierten die Möglichkeit, seine eigenen Schlüsse zu ziehen und so selbst zur Lösung der Aufgabe beizutragen. Die bei der Beurteilung unvermeidlichen Aussetzungen und Verbesserungsvorschläge dürfen auch nicht als eine Bemängelung der Maßnahmen der einzelnen Firmen aufgefaßt werden; auch dem Berichterstatter war die Kritik erst auf Grund des vorliegenden Materials möglich.

Die folgende Aufstellung gibt eine kritische Beurteilung der an den einzelnen Bauwerken festgestellten Verhältnisse, der nach Auffassung des Berichterstatters bestehenden Mängel und der vorliegenden Möglichkeiten zur Erreichung besserer Verhältnisse. Allgemeine Schlußfolgerungen werden in einem späteren Abschnitt gezogen.

B. Beurteilung der einzelnen Bauwerke.

Bauwerk 1 Rüdersdorf. Die Verspannung zwischen Stegblech und Gurtung (im folgenden nur noch als Verspannung bezeichnet) ist mäßig, bei den Stößen des Bauwerks 119d sogar gering. Bei den letzteren Stößen tritt aber eine sehr ungleichmäßige Spannungsverteilung in der Stegnaht auf mit hohen Zugspannungen gerade in den betrieblich hoch beanspruchten Zonen. Die Verbiegungsspannungen der gedrückten Gurtung sind sehr groß.

Eine Herabsetzung selbst des mäßigen Verspannungsgrades der Stöße des Bauwerks 119a ist wegen der Rückwirkung der Verspannung auf die Gurtung erwünscht. Die offene Halsnahtlänge (im folgenden mit Dehnlänge bezeichnet) ist bei dem vorhandenen Verhältnis zwischen Steg und Gurtung mit 0,75 m zu gering. Vergrößerung auf 1,30 bis 1,50 m ist zu empfehlen.

Die Schweißfolge war zweckentsprechend[1], wobei jedoch auf die weiteren Ausführungen in bezug auf die Zahl der am Stoß arbeitenden Schweißer verwiesen wird. Der Schweißweg für die Stegnaht erzeugte gleichmäßige Spannungsverhältnisse in den Stößen des Bauwerks 119a. Die ungünstige Spannungsverteilung in den Stegnähten des Bauwerks 119d läßt vermuten, daß hier ein gegenüber den Angaben der Tafel II abweichender Schweißweg angewendet worden ist.

Die Verbiegungsspannungen in den Gurtnahtzonen sind hauptsächlich bedingt durch eine zu langsame Schweißarbeit an diesen Stößen, gegeben durch die für diese besonders großen Stöße zu geringe Zahl von nur 2 Schweißern, wodurch eine häufigere Unterbrechung der Gurtnahtschweißung nötig war, so daß Abkühlungen eintreten konnten. Hinzugetreten sein mögen die Biegung begünstigende Faktoren, vielleicht etwas zu große Lagenzahl, Rückwirkung der Verspannung und die Schrägstoßanordnung. Der Verzicht auf die Stemmung der oberen Gurtnahtlagen hat die durch die Schweißausführung gegebenen Verbiegungswirkungen besonders stark in Erscheinung treten lassen.

Bauwerk 2 Dehmsee. Eine ungünstige, bei dem angewendeten Sonderverfahren aber wahrscheinlich nicht zu vermeidende Schweißfolge erzeugte große Verspannungen. Das Ziel des Sonderverfahrens — die Vermeidung größerer Verbiegungsspannungen in den Gurtnähten — scheint erreicht. Die Gurtung steht unter recht hohen Druckkräften.

Es handelt sich hier um einen sehr interessanten Versuch, die Schrumpfwirkungen zu beherrschen. Da nach den jetzt vorliegenden Untersuchungen diese auch ohne solche Maßnahmen zu beherrschen sind, dürften sich weitere Schlußfolgerungen über die künftige Gestaltung erübrigen.

---

[1] Es empfiehlt sich Heranziehung der Tafel II.

Bauwerk 3 Boberbrücke. Eine zweckentsprechende Schweißfolge in Verbindung mit zweckmäßig bemessenen und angeordneten Dehnlängen bewirkten nahezu Verspannungsfreiheit. Eine genügende Zahl von Schweißern, durch die ein kontinuierliches Arbeiten an allen Nähten, besonders eine ununterbrochene Arbeit an den Gurtnähten möglich war, setzten durch Vermeidung der Auskühlung die durch die Nahtform gegebenen Biegewirkungen auf ein Mindestmaß herab. Dazu beigetragen haben mögen die geringe Verspannung und die angewendete, nicht zu große Lagenzahl. Dem in den oberen Lagen angewendeten Stemmen dürfte ebenfalls eine erhebliche Bedeutung beizumessen sein.

Bauwerk 4 Hökendorf. Die erreichten Verhältnisse in bezug auf Verspannung und Verbiegung sind befriedigend. Die geringe Verspannung wurde hier erreicht durch eine sehr große Dehnlänge in Verbindung mit einer anscheinend in gleicher Richtung wirkenden Schweißfolge. Bei der geringen Verspannung wirkte sich der hier ausnahmsweise angewendete durchlaufende Schweißweg für alle Lagen der langen Stehnaht nicht ungünstig aus. Die befriedigenden Verhältnisse in den Gurtnahtzonen sind einmal gegeben durch die verhältnismäßig geringe Profildicke, durch die kontinuierliche Arbeit an den Gurtnähten und vielleicht auch durch die geringe Verspannung.

Bauwerk 5 Queis. Die Verspannung ist merklich, wenn auch zahlenmäßig nicht besonders hoch. Die Verspannung ist auf einen etwas zu stark verzögerten Beginn der Stegnahtschweißung gegen die Gurtnahtschweißung zurückzuführen. Eine Herabsetzung erscheint mit Rücksicht auf die mögliche Rückwirkung auf die Gurtung erwünscht. Die Spannungsverhältnisse in der Gurtung sind gegenüber den ähnlichen Stößen der Boberbrücke sehr ungünstig. Die Biegewirkungen erzeugen sehr hohe Randspannungen in den Profilnasen. Die Biegeerscheinungen können zurückgeführt werden auf die unterbrochene Schweißarbeit in den Gurtnähten, bedingt durch nur einen abwechselnd oben und unten arbeitenden Schweißer mit unvermeidlichen Auskühlungen der Gurtnähte, vielleicht auf eine etwas reichliche Lagenzahl und sehr wahrscheinlich durch eine Druckbiegung der Gurtplatten, bewirkt durch die herrschende Verspannung in Verbindung mit der Verkrümmungswirkung der Gurtnahtzonen und ermöglicht durch eine größere Dehnlänge und die trotz der Spannvorrichtung noch bestehende räumliche Bewegungsmöglichkeit in vertikaler Richtung.

Bauwerk 6 Sprottetal. Die große Verspannung und auch die örtlich hohen Spannungswerte in den Stegnahtzonen sind hauptsächlich durch die konstruktive Anordnung und in Beziehung hierzu durch die Anordnung der Dehnlängen gegeben. Die gewählte Schweißfolge, bei der die Stegnaht erst begonnen wurde, nachdem die Gurtnähte bis zur halben Plattendicke fertiggestellt waren, hat diese Wirkungen verstärkt. Der Wirkung des die Dehnung und Schrumpfung hemmenden starken Zwischenstückes wäre durch Anordnung einer Dehnlänge nach der Seite des dünneren Stegbleches zu begegnen gewesen, auf welcher Seite bei der Ausführung praktisch keine Dehnlänge zur Verfügung stand. Die bis dicht an die Stegnaht durchgeführten Längssteifen verhinderten auch in den mittleren Teilen des Stegbleches eine unbehinderte Dehnung und verursachten hier Spannungsgrößtwerte bzw. örtliche Reckungen. Mit Rücksicht auf die Stegnaht ist diese konstruktive Anordnung überhaupt unerwünscht. Läßt sie sich nicht umgehen, müssen die Steifennähte zunächst auf eine gewisse Länge offen bleiben.

Die starken Verbiegungen in den Gurtnahtzonen sind bedingt durch die große Verspannung und durch die fehlenden Spannvorrichtungen. Die Anordnung des Schrägstoßes mag diese Wirkungen verstärkt haben. Die Abhilfemaßnahmen ergeben sich ohne weiteres aus dem Vorstehenden. Die hier ausnahmsweise angewendete X-Naht für die Gurtnähte konnte die Verbiegungswirkungen nicht aufheben.

Bauwerk 7 Lübeck-Eutin. Die Verspannung ist trotz des geringen Querschnittsverhältnisses von 0,57 außerordentlich gering und spricht für die Zweckmäßigkeit der Schweißfolge. Die geringe Dehnlänge im Obergurt hat sich nicht ungünstig ausgewirkt. Die Biegespannungen in den Gurtnahtzonen sind zwar erheblich, in Anbetracht der sehr dicken Gurtplatten von 54 mm immerhin im Verhältnis zu anderen Beobachtungen noch relativ günstig. Trotzdem erscheint eine auf Herabsetzung der Verbiegung zielende Arbeitsweise leicht möglich, wenn man abweichend von der Ausführung zur Herstellung der Gurtnähte in kontinuierlicher Arbeitsweise durch zwei an der oberen und unteren Gurtnaht gleichzeitig arbeitende Schweißer übergeht. Wenn auch bei dieser Untersuchung die bei der Schweißung besonders dicker Platten bestehenden starken Verbiegungseinflüsse dank der geringen Verspannung und wahrscheinlich auch durch die Wirkung der vorgenommenen Stemmung nicht so stark in Erscheinung getreten sind wie bei anderen Stößen, sollten doch alle vorliegenden Möglichkeiten ausgenutzt werden.

Bauwerk 8 Klodnitztal. Die Verspannung bei diesen Stößen ist recht erheblich trotz des Versuches, eine gleichzeitige Schweißung durchzuführen. Erschwerend für die Erreichung eines verspannungsfreien Zustandes war hier das geringe Querschnittverhältnis. Die Füllung der Gurtnähte bis zu $1/4$ der Nahtdicke vor Beginn der Arbeiten an der Stegnaht rief außerdem anscheinend bereits eine beträchtliche Verspannungswirkung hervor. Ein früherer Beginn der Stegnahtschweißung wäre empfehlenswert. Wesentlicher als diese Verspannung ist jedoch die während des Schweißvorganges eintretende Veränderung der statischen Verhältnisse durch Hinzutreten der Momente aus Eigengewicht für den durchlaufenden Träger. Dieses ganze Moment wurde bei dem gewählten Arbeitsverfahren allein von dem Stegblech und damit der Stegnaht aufgenommen und erzeugte in dieser starke zusätzliche Biegungsspannungen. Die Nichtbeteiligung der Gurtplatten war darauf zurückzuführen, daß die die statische Änderung bewirkenden Montagemaßnahmen vor Schließung der Halsnähte vorgenommen wurden. Eine entsprechende Änderung der Montagemaßnahmen ist notwendig. Die Verbiegungsspannungen in den Gurtnahtzonen blieben in mäßigen Grenzen. Die Ausführung der Gurtnähte trotz der verhältnismäßig schwachen Querschnitte durch zwei an der oberen und der unteren Naht gleichzeitig und kontinuierlich arbeitende Schweißer hat sich auch hier günstig ausgewirkt.

C. Folgerungen.

1. Allgemeine Erkenntnisse.

Die Baustoßschweißung großer Träger läßt sich trotz der vorhandenen Schwierigkeiten einwandfrei und ohne größere Querverspannungen ausführen, wenn die notwendigen Regeln bei der konstruktiven Anordnung, bei der Montage und den Montagehilfsmitteln und in bezug auf die Schweißfolge, Schweißweg und Schweißausführung beachtet werden. Folgende Gefahren im allgemeinen vor:

Bei den Stegblechnähten können merkliche Zug-Querverspannungen eintreten. Außer dieser durch die Gurtnahtschweißung vorliegenden Verspannung kann bei den ziemlich langen Stehnähten bei ungeeignetem Schweißweg eine recht ungleichmäßige Verteilung der Querspannungen eintreten mit erheblichen Zugspannungskonzentrationen in gewissen Zonen, oft der auch betrieblich höher beanspruchten Zonen. Konstruktive Anordnungen, die die Dehnmöglichkeiten beschränken, können zu erhöhten Querverspannungen und auch örtlich zu besonders hohen Querspannungen führen. Veränderungen der statischen Bedingungen der Träger während der Schweißarbeiten vor Schließung der auf der Baustelle zu schweißenden Halsnahtabschnitte bewirken eine Aufnahme der hinzutretenden Momente allein durch das Stegblech mit entsprechender Beanspruchung der Stegnaht.

Die Querverspannung äußert sich natürlich im umgekehrten Sinn auf die Gurtplatten und Gurtnähte. Die auftretenden Spannungen sind um so größer, je größer das Verhältnis von Stegblech zur Gurtung ist. Die Gurtnähte stehen unter Druckquerverspannungen, die von etwa 0 bis zu merklichen Werten anwachsen können. (Über die Bedeutung dieser unter Umständen recht großen Druckbelastung für die Knicksicherheit der Gurtung kann nach heutigem Erkenntnisstand keine sichere Aussage gemacht werden.) Diese Druckverspannung erhöht bei großen offenen Halsnahtlängen und unzweckmäßigen Spannvorrichtungen die Ausweichgefahr der Gurtplatten im Stoßbereich und kann zur Erhöhung der Biegespannungen in den Nähten beitragen. Die Gurtnähte unterliegen sehr erheblichen Biegewirkungen. Selbst bei merklicher Druckverspannung der Gurtung können infolge stärkerer Biegung erhebliche Zugspannungen in den Gurtnähten auftreten. Diese Biegungen können von erheblichen Verformungen begleitet sein. Die Biegewirkung ist nicht an die unsymmetrische Nahtform gebunden.

Eine Zugquerbelastung der fertigen Gurtnähte unter den normalen Herstellungsbedingungen als Folge der Verspannung wurde in keinem Fall beobachtet. Die Gurtnahtschweißung vollzieht sich also unter Verhältnissen, die einer äußeren Einspannwirkung (Zugwirkung) **nicht** gleichkommen; es treten im Verlauf der Schweißung sogar meistens Druckbelastungen der Nähte ein. Eine Ausnahme besteht für die in der Regel und auch zweckmäßig zuerst gelegten Wurzellagen der Gurtnähte.

Die Folgerungen für die Herstellung geeigneter Herstellungsbedingungen sind dementsprechend zu ziehen. Diese sind so zu wählen, daß die Querverspannung gering wird, ungleichmäßig verteilte Querspannungen vermieden werden, die Verbiegungserscheinungen in den Gurtnahtzonen weitgehend unterdrückt werden und die besonders beim Beginn der Schweißarbeiten vorliegende Rißgefahr in den Wurzellagen umgangen wird. Die Wege zur Erreichung der genannten Ziele gehen zum Teil sehr klar aus den Untersuchungen hervor, zum Teil werden die Meinungen hierüber auseinandergehen. Zu diesen Folgerungen mußten naturgemäß auch die sonstigen vorliegenden Erkenntnisse herangezogen werden. Soweit die Ergebnisse vielleicht eine verschiedene Ausdeutung zulassen, mögen die folgenden Empfehlungen, wie im Abschnitt A dieses Kapitels bereits ausgeführt wurde, als Diskussionsgrundlage aufgenommen werden.

2. Empfehlenswerte Herstellungsbedingungen.
a) Konstruktive und montagetechnische Bedingungen.

1. Das Maß der aus festigkeits- und montagetechnischen Erwägungen angewendeten Versetzung der Gurtnähte gegen die Stegnaht soll zur Vermeidung unnötig großer offener Halsnahtlängen beschränkt werden (s. Punkt 8). Gegen die Anwendung einer nur mäßigen Versetzung — rd. 30 cm — bestehen keine Bedenken. Größere Versetzungen (> rd. 50 cm) und die damit verbundene größere offene Halsnahtlänge steigern die Gefahr des Ausweichens der Gurtplatten.

2. Dehnungshemmende Konstruktionsteile im Bereich der Nähte erfordern besondere Aufmerksamkeit (s. Punkt 11).

3. Die Anordnung von Schrägstößen verstärkt die vorliegende Verbiegungsgefahr. Die Gesichtspunkte zur Vermeidung stärkerer Verbiegungen sind besonders stark zu beachten (Absatz c).

4. Gegen die Anwendung unsymmetrischer Nahtformen bestehen keine Bedenken. Die hierdurch gegebene natürliche Verbiegungswirkung ist durch entsprechende schweißtechnische Ausführung (Absatz c) zu bekämpfen. Auch bei Anwendung von durchgehenden U-Nähten in Nasenprofilen bei den Obergurtstößen (im Gegensatz zur Doppel-U-Naht im Nasenbereich) lassen sich befriedigende Verhältnisse erreichen, so daß gegen diese Nahtausbildung kein Bedenken besteht. Die Anwendung symmetrischer Nahtformen bietet allein keine Gewähr gegen starke Verbiegungswirkungen.

5. Die längsbewegliche Lagerung der anzuschweißenden Träger ist zu fordern (Rollenauflagerung, Lagerung auf Pendelrahmen).

6. Bei Beginn der Schweißarbeiten ist die Unterstützung der Schrumpfung wegen der hier besonders vorliegenden Rißgefahr der noch dünnen Nähte zu empfehlen. In Betracht kommen Pressen, Winden oder sonstige Vorrichtungen. Diese Vorrichtungen können schon bei mäßiger Dicke der Nähte entfernt werden, da sie dann weder nötig noch wirksam sind. Beim Anschluß größerer Montagelängen sollte von diesem Hilfsmittel auf jeden Fall Gebrauch gemacht werden.

7. Montagemaßnahmen, die eine Veränderung der statischen Bedingungen des Trägers bewirken (Einleitung von Eigengewichtsmomenten) dürfen erst nach Schließung der offenen Halsnahtabschnitte vorgenommen werden.

8. Die Beschränkung der offenen Halsnahtlänge ist zur Vermeidung der Ausweichgefahr der Gurtplatten und bei den Obergurt-Halsnähten auch zur Vermeidung umfangreicher Überkopfschweißungen zweckmäßig[1]. Die Verspannungsfreiheit läßt sich auch ohne

---
[1] Der Berichterstatter hält die Erreichung der Verspannungsfreiheit durch besonders große Dehnlängen, wie sie z. B. bei dem Hökendorfer Bauwerk angewendet wurden und hier auch zum Erfolg führten, aus den obengenannten Gründen nicht für die zweckmäßigste Lösung.

große Dehnlängen durch eine geeignete Schweißfolge erreichen. Dehnlängen von 1 m bis 1,5 m sind als ausreichend anzusehen[1].

9. Mit Rücksicht auf die vorliegende Ausweichgefahr der Gurtplatten ist die Dehnlänge so anzuordnen, daß die vor der Gurtnaht endende Werkstatt-Halsnaht ziemlich dicht an diese herangeführt wird (rd. 20 cm) und daß die noch fehlende Dehnlänge auf der der Gurtnaht entgegengesetzten Seite der Stegnaht gewonnen wird.

10. Bei stark ungleichmäßigen Stegblechdicken, besonders aber bei wesentlich dickeren eingesetzten Stegblechplatten (Fenster[2]) ist eine wirksame Dehnlänge nach der Seite des dünneren Stegblechteils anzuordnen, da die offene Halsnahtlänge auf der Seite des dickeren Teils wenig wirksam ist.

11. Die Nähte von dehnungshemmenden Konstruktionsteilen (z. B. Längssteifen[2]) sind genau wie die Halsnähte auf eine genügende Länge während der Stoßschweißung offen zu halten.

12. Für ziemlich starre, die Verkrümmungswirkung weitgehend verhindernde, die Längsschrumpfung jedoch ermöglichende Spannvorrichtungen ist zu sorgen. Die vorwiegend angewendete, den Obergurt mit dem Untergurt verspannende Vorrichtung ist so auszubilden und so zu befestigen, daß auch gemeinsame vertikale Bewegungen der oberen und unteren Gurtplatte verhindert werden[3]. Auch wechselseitig geschweißte Gurtnähte von symmetrischer Nahtform sollten nicht ohne kräftige Spannvorrichtung geschweißt werden.

b) Schweißfolge und Schweißweg.

13. Gurtnähte und Stegnaht eines Stoßes sollen grundsätzlich gleichzeitig hergestellt werden.

14. Die Schweißung ist mit dem Einschmelzen der Wurzellagen der Gurtnähte zu beginnen. (Auf die hierdurch bewirkte Fugenverengung der Stegnaht ist durch einen etwas größeren Wurzelabstand — rd. 2 mm größer — in dieser Naht Rücksicht zu nehmen.)

15. Die Stegnahtschweißung soll frühzeitig nach Legen der Wurzellagen der Gurtnähte einsetzen. Die Endverspannung hängt hauptsächlich hiervon ab[4]. Für diese ist es von geringerer Bedeutung, ob die Stegnaht gleichzeitig, etwas früher oder etwas später fertiggestellt wird als die Gurtnähte.

16. Die Wurzellagen der Gurtnähte unterliegen hohen Beanspruchungen. Die Schweißarbeiten an diesen dürfen bis zur Erreichung einer größeren Nahtdicke nicht unterbrochen werden (s. auch Punkt 5 und 6). Auch der Beginn der Schweißung der Stegnaht darf nicht zu Unterbrechungen bei der Schweißung der Gurtnähte führen. (Weiteres siehe Absatz c, Schweißausführung.)

17. Eine vollständige zeitliche Trennung der Gurtnahtschweißung und der Stegnahtschweißung sollte verboten werden. Auch Schweißfolgen mit abschnittweiser Herstellung der Gurtnähte und der Stegnaht (z. B. Gurtnähte zur Hälfte, Stegnaht-Gurtnähte fertig) führen zu großen Verspannungen.

18. Für die besonders hoch beanspruchten und nicht immer mit Sicherheit verspannungslos (durch die bereits geschweißten Lagen in den Gurtnähten) herzustellenden Wurzellagen der Stegnähte ist eine abschnittsweise Herstellung zu empfehlen. Zweckmäßig ist ein symmetrischer Aufbau der Naht von der Mitte nach oben und unten. Untere Hälfte im

---

[1] Ein wesentlich kleineres Maß als 1 m erscheint nicht empfehlenswert. Bei schweren Trägern ist eine Annäherung an die obere Grenze gegeben. Die Dehnlänge von nur 0,75 m bei den schweren Trägern des Rüdersdorfer Bauwerks erscheint zu gering.

[2] Anordnung wie bei der Sprottetalbrücke.

[3] Bei geringeren Dehnlängen wird dies meistens schon durch die bereits fertigen Halsnähte, in deren Bereich sich die Spannvorrichtung gegen den Träger abstützt, der Fall sein. Bei größeren offenen Halsnahtlängen kann dagegen auch bei sonst gut ausgebildeten Spannvorrichtungen eine Nachgiebigkeit vorliegen. Nach Auffassung des Berichterstatters kann dieser Umstand bei der Queisbrücke eine gewisse Rolle gespielt haben.

[4] Bei dicken Gurtnähten wird man mehr Lagen in den Gurten legen können als bei schwächeren Platten. Bei der Lübeck-Eutiner Brücke mit 54 mm Plattendicke wurden 4 bis 5 Lagen eingelegt, ehe die Stegnahtschweißung begann, ohne daß eine wesentliche Verspannungswirkung eintrat. Die Vollschweißung der Gurtnähte bis $1/4$ der Plattendicke vor Beginn der Stegnaht führte in den Untersuchungen schon zu merklichen Verspannungen.

Pilgerschritt; obere Hälfte in Abschnitten, wenn die Schweißung der Stegnaht von nur einem Schweißer ausgeführt wird, fortlaufend in einem Zuge, wenn ein zweiter Schweißer zur Verfügung steht. (Bei kürzeren Nähten eventuell Schweißung in 3 bis 5 Abschnitten symmetrisch zur Mitte.) Die weiteren Lagen können im allgemeinen in einem Zuge ausgeführt werden; bei längeren Nähten erscheint auch hier eine Unterteilung in 2 Abschnitte empfehlenswert (einer von der Mitte nach oben, der andere von unten nach der Mitte).

19. Bei den kürzeren und wegen ihrer Lage schneller hergestellten Gurtnahtlagen erscheint der Schweißweg von geringem Einfluß. Wechselnde Schweißrichtungen in den verschiedenen Lagen werden häufig angewendet.

20. Bei nur einseitigen U-Nähten in Nasenprofilen im Obergurt empfiehlt sich eine gleichzeitige Herstellung der Nasennaht und der Plattennaht. (Bei zuerst erfolgender Schweißung der Nasennaht muß eine sehr starke Behinderung der Schrumpfung der Wurzellagen der Plattennaht eintreten.)

c) Schweißausführung.

Die Untersuchungen können wegen der geringen Unterschiede, die in dieser Hinsicht — mit Ausnahme der teilweise kontinuierlich und der teilweise mit Pausen durchgeführten Gurtnahtschweißung — bei den einzelnen Bauwerken festzustellen waren, hierzu nur eine beschränkte Auskunft geben. Aus den Feststellungen über die Art der Verspannungs- und Verkrümmungsverhältnisse ergeben sich aber doch wesentliche Gesichtspunkte auch für die Schweißausführung.

Für die anzuwendende Schweißart besonders wesentlich ist die Feststellung, daß die Gurtnähte nicht unter Quer(Zug)verspannung stehen, sondern vor allem der Biegungsgefahr unterworfen sind, da die schweißtechnischen Maßnahmen zur Behebung der Verspannung und der Verkrümmung gerade entgegengesetzt sind.

Für die Stegnähte ergaben sich aus den Untersuchungen keine weiteren Erkenntnisse als die bereits behandelten.

Aus Gründen der Vollständigkeit soll noch einmal auf einen Punkt hingewiesen werden, für den die Untersuchungen zwar keinen Anhalt ergaben und auch keinen geben konnten; der aber sehr wichtig ist: Die bei den behandelten Bauwerken und auch sonst sehr häufige Verwendung von Schweißdrähten von 3,25 mm Dmr. für Wurzellagen und Überkopfschweißungen der Gurtnähte und Halsnähte und auch für die Stegnähte scheint wegen der geringen Wärmewirkung bei den schweren Teilen des Brückenbaues dringend änderungsbedürftig, auf jeden Fall sollten diese Drähte bei den Gurtplatten und dickeren Stegblechen aus Baustahl St 52 verboten werden. Der Berichterstatter steht sogar auf dem Standpunkt, daß ohne Sondermaßnahmen (zusätzliche Wärmeanwendung) diese Drähte bei den normalen Abmessungen des Brückenbaues möglichst wenig verwendet werden sollten, dies um so mehr, weil nach den Schrifttumangaben auch Manteldrähte von 4 mm Dmr., die sich gut auch für schwierige Schweißlagen eignen, vorhanden sind[1].

Im folgenden sind nun die sich aus den Untersuchungen ergebenden Schlüsse unter Heranziehung allgemeiner Erkenntnisse gezogen.

21. Zur Vermeidung von Verkrümmungen und großen Biegespannungen in den Gurtnahtzonen sind die Gurtnähte in einer Wärme, d. h. ohne Unterbrechung der Schweißarbeiten herzustellen. (Daraus ergibt sich die Notwendigkeit zur Ansetzung von mindestens 3 Schweißern für den Baustoß[2].)

22. Die Lagenzahl ist zu beschränken, ebenso wirken etwas größere Drahtdurchmesser (mit entsprechend größeren Lagendicken) weniger verkrümmungsfördernd als kleine[3].

---

[1] Elektroschweißg Bd. 10 (1939), H. 6, S. 112.

[2] Die großen Biegespannungen bei den Rüdersdorfer Stößen und bei der Queisbrücke haben nach Auffassung des Berichterstatters ihre wesentliche Ursache darin, daß die Ausführung der Gurtnähte durch nur einen Schweißer zu regelmäßigen Zwischenabkühlungen in den Gurtplatten führte. Zwar kann die kontinuierliche Arbeitsweise besonders in den spitzen Ecken von Schrägstößen zu starken Wärmestauungen führen, so daß Abkühlungspausen notwendigerweise eingelegt werden müssen. Der hierbei auftretenden, verstärkten Krümmungsneigung ist durch Stemmen zu begegnen.

[3] Eine Schweißausführung, die eine Behebung größerer Querverspannungen zum Ziel hätte, würde gerade entgegengesetzte Maßnahmen erfordern.

23. Der üblicherweise angewendete Nahtaufbau der Gurtnähte von den Nahtflanken aus mit anschließend geschweißten Zwischenraupen in Nahtmitte ist zweckmäßig[1].

24. Nähte über rd. 30 mm Dicke sollten in den oberen Lagen gestemmt werden (etwa auf $1/4$ bis $1/3$ Nahtdicke).

Schlußwort des Berichterstatters.

Mit der vorliegenden Untersuchung dürften die wichtigsten Fragen bei der Baustellen-Stoßschweißung einer Lösung nahegeführt sein. Es werden sich zwar im einzelnen noch Meinungsverschiedenheiten über die Ursachen gewisser ungünstiger, in den Versuchen festgestellten Erscheinungen ergeben und ebenso über die Zweckmäßigkeit einzelner in diesem Bericht vorgeschlagenen Maßnahmen. Die Aufdeckung der Art der vorliegenden Gefahrenquellen ermöglicht heute aber eine wesentlich zielbewußtere Planung für diese Arbeiten und — soweit es erforderlich erscheint — eine planvollere versuchsmäßige Behandlung, als es vor etwa einigen Jahren bei Beginn dieser Untersuchungen der Fall war.

Zur Klärung offener oder umstrittener Punkte wird man notwendigerweise den Versuch heranziehen müssen. Jedoch wird man künftige Untersuchungen dieser Art auf Grund der jetzt vorliegenden Ergebnisse planvoll auf Grund einer konkreten Fragestellung durchführen können und nicht mehr gezwungen sein, die Klärung auf dem umständlichen Wege einer zunächst vorwiegend statistischen Versuchsgrundlage mit oft negativem Ausgang zu versuchen. Untersuchungen dieser Art müssen vorwiegend an den Konstruktionsteilen der Praxis, nicht aber an Versuchsschweißungen ausgeführt werden. Eine Erkennung der wichtigsten Einflußgebiete und der Art der für die Festigkeit maßgeblichsten Erscheinungen am Bauwerk ermöglichen erst eine weitere Durchdringung durch Laboratoriumsversuche und sichern gleichzeitig vor einer falschen Grundlage für diese Versuche und vor entsprechend falschen Rückschlüssen. Wie nötig die Sicherung der Versuchsgrundlage durch Feststellungen am Bauwerk ist, zeigten hier z. B. die Feststellungen, daß die Gurtnahtzonen hauptsächlich durch Biegespannungen gefährdet sind, kaum aber, mit Ausnahmen der Wurzellagen, durch Quer(Zug)verspannungen. Eine auf der letzteren Grundlage für den Deutschen Ausschuß für Stahlbau im Zusammenhang hiermit eingeleitete laboratoriumsmäßige Versuchsarbeit über den „Einfluß der Nahtform und der Schweißausführung auf die Querverspannung beim Schweißen unter Einspannung" konnte deshalb mit Ausnahme der Erkenntnisse über die Beanspruchung und Gefährdung der Wurzellagen — entgegen der ursprünglichen Auffassung des Berichterstatters und seiner Mitarbeiter bei der Versuchsplanung — zu der Gurtstoßschweißung auf der Baustelle keine wesentlichen Beiträge liefern und wurde deshalb nicht weiter gefördert.

Die Untersuchungen an den großen Konstruktionsteilen lenken auch erst die Aufmerksamkeit auf die mit der Größe wachsenden Mängel mancher, nach allgemeinen Festigkeitserkenntnissen im Prinzip vorzuziehenden Konstruktionsformen. Bei Schweißkonstruktionen, bei denen sich die Wärmeverhältnisse in ähnlichen Teilen mit der Masse ganz verschieden gestalten, wird man von vornherein damit rechnen müssen, daß die praktische Ausführbarkeit oft eine andere Lösung als die gegebenere erscheinen läßt als die, die man auf Grund von Experimenten am kleinen Stück vorziehen möchte. Die festgestellten Erscheinungen am schrägen Gurtstoß bieten hierfür ein gutes Beispiel.

Die Untersuchungen am Bauwerk und vor allem die Untersuchungen während der Herstellung gestalten sich immer unverhältnismäßig schwieriger als Laboratoriumsversuche; ihr Gelingen ist wegen der oft schwer vereinbaren Maßnahmen zugunsten des Bauvorschritts und zur Durchführung der Messungen von vornherein nicht ohne weiteres gesichert. Wenn die vorstehend behandelten Versuche trotzdem, obwohl sie teilweise — bedingt durch den schnellen Bauvorschritt — unter sehr schwierigen Verhältnissen durchgeführt werden mußten, überhaupt zur Ausführung kamen und auch klare Ergebnisse

---

[1] Auf die verstärkte rückkrümmende Wirkung einer vor vollständiger Fertigstellung der von oben geschweißten Lagen vorgenommenen Wurzelverschweißung gegenüber der wie üblich zuletzt ausgeführten Wurzelverschweißung sei hingewiesen (vgl. E. Höhn: Schweißverbindungen im Kessel- und Behälterbau, S. 59. Berlin: Julius Springer 1935).

lieferten, so ist das der Förderung durch die Direktion der Reichsautobahnen, den Mitarbeitern des Berichterstatters im Materialprüfungsamt und der Hilfe, die die örtlichen Bauleitungen der OBR und die ausführenden Firmen bei den meßtechnischen Arbeiten leisteten, zu danken.

Die Leitung der Untersuchungen auf den Baustellen lag zum großen Teil bei Herrn Dipl.-Ing. Walter Stein, jetzt Dortmunder Union Brückenbau AG., für die Sprottetalbrücke bei Herrn Dr.-Ing. Günther Grüning, jetzt Reichsluftfahrtministerium, und für das Lübeck-Eutiner Bauwerk bei dem wissenschaftlichen Mitarbeiter im Staatlichen Materialprüfungsamt Herrn Dipl.-Ing. Kurt Albers, während sich der Berichterstatter die allgemeine Planung und Beurteilung vorbehalten hatte. Der Mitarbeit dieser Herren, besonders des für die Meßarbeiten an der Mehrzahl der Bauwerke verantwortlichen Dipl.-Ing. Stein, außerdem der Arbeit des Amtsmechanikers Abend, der sich unter anderem um die Verbesserung und Instandhaltung der Meßgeräte bei oft ungünstigen Witterungsverhältnissen verdient gemacht hat, und den mit der Versuchsausführung betrauten technischen Mitarbeitern des Amtes, den Ingenieuren Krüger, Jonas, Hauschild und Drews, besonders dem Erstgenannten, ist es zu einem großen Teil zu verdanken, daß der Berichterstatter das Ergebnis der Untersuchungen der Direktion der Reichsautobahnen und der Fachwelt mit wesentlichen Erkenntnissen vorlegen kann.

Tafel I.

...llungsbedingungen:
...tart, offene Halsnahtlängen.

9	10	11	12	13	14	15	16
Verhältnis $F_s:F_g$	Zahl der untersuchten Stöße	Gurtstoß	Nahtart		Gurtnähte gegen Stegnaht versetzt[1]		Offene Halsnaht-länge = Dehnlänge[1] (rund)
			Gurt	Steg	um mm	oben und unten in gleicher oder entgegengesetzter Richtung	mm
1,05	4 (A_{17}, A_{18}, B_{17}, B_{18})	schräg	U	×	250	gleich	750
0,97	2 (A_4, B_6)	schräg		×			
1,27	2 (V_1, VI_1)	schräg	U	×	400	entgegengesetzt	2000
0,92	4 (V_2, V_3,	schräg					

Fläche in cm² (Verhältnis $F_s:F_g$)

pfschweißung.

1,12	2 (C_9, D_9)	schräg	U^2	×	1000	entgegengesetzt	3000
0,80	1	senkrecht	U	×	500	entgegengesetzt	1700
0,80	1	schräg	X^3	×	500	gleich	700 (1000)
0,57	2 (I, II)	senkrecht	U	×	356 (oben) 1536 (unten)	entgegengesetzt	870 (oben) 2100 (unten)
0,58	1	senkrecht	U^2	∨	390	entgegengesetzt	1420 (bis 1220)
0,52	1	senkrecht					

Verlag von Julius Springer in Berlin.

Konstruktive Herst[ellung]
Träger, Stoßanordnung, Na[ht]

1	2	3	4	5	6	7	8
						Querschnittsfl[äche]	
Bauwerk	Stahl	Gurtprofil	Ab-messungen	Trägerhöhe	Stegdicke	Gurtung (2 Platten)	Steg[]
			mm	mm	mm	F_g	$F_[s]$
1 Rüdersdorf 119a	52	Dörnen-Wulstprofil	640 · 39	2800	20	513	53
1a Rüdersdorf 119d	52	Dörnen-Wulstprofil	660 · 44	3000	20	594	57
2 Dehmsee	52	Dörnen-Wulstprofil	350 · 25	2100	12	189	24
2a Dehmsee	52	Dörnen-Wulstprofil	350 · 35	2100	12/14	259	23[ ]

4	Hökendorf	52	Nasenprofil	450 · 26	2400	15/18	304	34
5	Queis	52	Nasenprofil	450 · 40	2300	16	430	34
6	Sprottetal	37	Dörnen-Wulstprofil	450 · 30	2060	12/Zwischenstück 30	284	23
7	Lübeck-Eutin	37	Breitflachstahl	450 · 54	1958	15	486	27
8	Klodnitztal	37	Nasenprofil	450 · 25	1540	12	294	17
8a	Klodnitztal	37	Nasenprofil	450 · 30	1600	12	340	17

[1] Genaue Angaben siehe Abb. 26 bis 33. [2] Nase im Obergurt: Überkopf. [3] Teilweise Überk

Versuche i. Stahlbau B. 10.

Tafel II.

stellungsbedingungen:
g und Schweißausführung.

	5 Queis	6 Sprottetal	7 Lübeck-Eutin	8 Klodnitztal
Schweiß-... Un-... Stegnaht... s Gurt-... ung kon-...	Grundsätzlich gleichzeitige Schweißung von Gurtnähten und Stegnaht. Stegnahtschweißung früher beendet als Gurtnahtschweißung. Anwendung des Stemmens bei Zwischenabkühlungen bei den Gurtnähten.	Schweißung der Gurtnähte und der Stegnaht in Abschnitten nacheinander: Gurtnähte zur Hälfte — Stegnaht ganz — Gurtnähte fertig geschweißt. Gurtnahtschweißung mit Zwischenabkühlungen.	Grundsätzlich gleichzeitige Schweißung von Gurtnähten und Stegnaht. Gurtnahtschweißung mit Zwischenabkühlungen. Anwendung des Stemmens bei den Gurtnähten.	Gleichzeitige Schweißung von Gurtnähten und Stegnaht, jedoch bei ziemlich verzögertem Beginn der Stegnahtschweißung gegenüber den Gurtnähten. Gurtnahtschweißung kontinuierlich ohne Pausen.
r.	2	2	2	3
it Dräh-... eiter mit... r.-Dräh-...	Gurtnähte etwa 40 Lagen mit Drähten von 3,25 und 4 mm Dmr., bei den Decklagen 5 mm Dmr. Stegnaht beiderseitig je 3 Lagen.	Wurzellagen der Gurtnähte mit Drähten 4 mm Dmr., alle weiteren mit Drähten von 5 und 6 mm Dmr. Stegnaht in 2 + 3 Lagen geschweißt.	Gurtnähte in 9 Lagengruppen (Lagengruppe = mehrere Lagen) + 1 Wurzellagengruppe (Abb. 7). Stegnaht in 4 Lagen geschweißt.	Obergurtnaht: Lagenzahl etwa 3 Lagen Draht 4 mm Dmr. 17 ,, ,, 5 mm Dmr. Nase überkopf 19 ,, ,, 3,25 mm Dmr. Untergurtnaht: 4 Lagen 4 mm Dmr. oder 7 ,, 3,25 mm Dmr. 21 ,, ,, 5 mm Dmr. Nase 24 ,, ,, 5 mm Dmr. Stegnaht: 3 Lagen und 1 Wurzellage mit Draht 3,25 mm Dmr.
je ein... und Un-... tegnaht.... ten Drit-... ren Stegnaht	Beginn mit den Wurzellagen der Ober- und Untergurtnaht (6 Lagen) durch je 1 Schweißer. Anfänglicher Wurzelabstand der Stegnaht 6 mm, in den Gurtnähten 3 bis 4 mm. Weiterschweißung	Beginn mit den Gurtnähten: Schweißung der Wurzel von oben bis etwa ¼ der halben Plattendicke, Überkopfschweißung bis zu ½ der halben Plattendicke, Schweißung von oben eben-	Beginn mit den Gurtnähten durch je 1 Schweißer oben und unten 4 bis 5 Raupen. Wurzelabstand der Stegnaht 4 mm, der Gurtnähte 2 mm. Darauf Beginn	Beginn durch je 1 Schweißer an der Ober- und Untergurtnaht mit 3 bis 4 Lagen, Füllung der Gurtnähte auf etwa ¼, darauf durch 3. Schweißer Beginn der Stegnahtschweißung bei Fortsetzung der Gurtnahtschweißung.

berkopf-Lagen Schwei- in einer	Stegnaht schweißt. Fertigstellung der 2. Stegnahtlage, wenn Gurtnähte $^1/_3$ bis $^2/_5$ der Höhe gefüllt sind; Fertigstellung der Stegnaht, wenn Gurtnähte etwas über $^2/_3$ ihrer Höhe geschweißt waren. Gesamtdauer der Gurtnahtschweißung (mit Ausnahme der Nasenschweißung im Untergurt) 17,5 Stunden, der Stegnaht 11 Stunden.	seite, darauf Schlußlage auf der anderen Seite. Danach Fertigstellung der Gurtnähte: Ausfüllen der noch offenen restlichen halben Höhe der halben Plattendicken von oben und überkopf (s. Abb. 6).	so daß Zwischenabkühlungen der Gurtnähte eintraten. Fertigstellung der Stegnaht zu einem Zeitpunkt, in dem an den Gurtnähten nur noch die Decklagen zu schweißen waren.
a einem oben. a einem chweißt, chnitten ; wech- in den	Stegnaht: Wurzellage von der Mitte beginnend unter schrittweiser Schweißung (Abschnitte von 20 cm) symmetrisch nach oben und unten hergestellt (untere Hälfte Pilgerschrittschweißung); weitere 5 Lagen durchlaufend von unten nach oben (Abb. 18). Gurtnähte: Die obere von einem Ende zum anderen, wechselnde Schweißrichtung in den einzelnen Lagen, im Bereich der Nase jeweilig mehrere Lagen hintereinander, so daß Obergurtnaht über ganze Länge gleichzeitig fertig wurde (Abb. 5). Fertigstellung der Nasennaht unten nach Schweißung der Plattennaht.	Stegnaht alle Lagen von unten nach oben geschweißt.	Stegnaht: Wurzellagen auf beiden Seiten in 3 Abschnitten von unten nach oben geschweißt (Abb. 19), zuerst mittleres Drittel, dann unteres, dann oberes. Beiderseitige Schlußlagen in einem Zuge von unten nach oben.	Stegnaht: Wurzellage im Sprungschritt (Abb. 20) gleichmäßig beiderseits der Mitte; 2. und 3. Lage und rückwärtige Wurzellage in 2 Abschnitten zuerst von der Mitte nach oben, dann von unten nach der Mitte. Mittlerer von der Montageknagge bedeckter Teil blieb zuerst offen, wurde nachträglich vor Ausführung der Wurzelverschweißung geschlossen.
	Anwendung des Stemmens für die Lagen im oberen Drittel der Gurtplatten.	—	Anwendung des Stemmens für die Decklagen der Gurtnähte.	—

Verlag von Julius Springer in Berlin.

Schweißtechnische He...
Schweißfolge, Schweißwe...

	1 Rüdersdorf	2 Dehmsee	3 Bober	4 Hökendorf
1. Kennzeichen des Arbeitsverfahrens.	Grundsätzlich gleichzeitige Schweißung von Gurtnähten und Stegnaht. Gurtnahtschweißung mit Zwischenabkühlungen.	Sonderschweißverfahren mit künstlicher Biegevorverformung der Gurtnaht- und Stegnahtzonen zur Herabsetzung der Verkrümmungsspannungen. Zuerst Schweißung der Gurtnähte, dann der Stegnaht. Gurtnahtschweißung mit Zwischenabkühlungen.	Grundsätzlich gleichzeitige Schweißung von Gurtnähten und Stegnaht. Gurtnahtschweißung kontinuierlich ohne Pausen. Anwendung des Stemmens bei den Gurtnähten.	Gleichzeitiger Beginn der arbeiten an der Obergurt- und Stegnaht. später fertiggestellt a... nähte. Gurtnahtschweiß... tinuierlich ohne Pause...
2. Zahl der an einem Stoß arbeitenden Schweißer.	2	2	4	3, zuletzt nur 1 Schweiß...
3. Drähte und Lagenzahl.	Gurtnähte 2 Wurzellagen mit Drähten 3,25 mm Dmr. und etwa 40 Lagen mit Drähten 4 und 5 mm Dmr., 5 Überkopflagen mit 3,25 mm Dmr. Stegnaht beiderseitig je 3 Lagen.	Gurtnähte mit Drähten 4 mm Dmr, für die Decklagen teilweise 5 mm Dmr., Überkopflagen 3,25 mm Dmr. Stegnähte mit Drähten 3,25 mm Dmr.	Gurtnähte 25 bis 30 Lagen. Stegnaht beiderseitig je 3 Lagen.	Gurtnähte: Wurzellagen ten von 4 mm Dmr., w... 5-mm-Dmr.-Drähten. Stegnaht mit 3,25-mm-D... ten in 5 Lagen.
4. Schweißfolge.	Beginn mit den Wurzellagen der Ober- und Untergurtnaht durch einen Schweißer, dann Beginn der Stegnahtschweißung durch den 2. Schweißer, während der 1. Schweißer ab-	Beginn mit den Gurtnähten, oben und unten je 1 Schweißer: Verfahren siehe Abb. 16. Nach Fertigstellung der Gurtnähte Schweißung der Stegnaht, Verfahren	Beginn mit 3 Wurzellagen der Ober- und Untergurtnaht durch je ein Schweißer, rd. 45 Minuten später Beginn der Stegnahtschweißung durch 2 weitere Schweißer. An...	Beginn gleichzeitig dur... Schweißer in der Ober- tergurtnaht und in der Beim Schweißen des ob... tels der Wurzellage...

	...lagen. Diese und weitere ... der Stegnaht von nur ... ßer fertiggestellt. ... Schweißung des Stoßes ... Wärme.		
	...schenpausen in einer Wärme (s. Abb. 3). Die Schweißung erstreckte sich über 2 Tage, jedoch am 2. Tage nur Schweißung noch fehlender Lagen in den Nasen nach vorheriger Gurtanwärmung und der offenen Halsnahtabschnitte.	**Stegnaht:** Alle Lagen ... Zuge von unten nach ... **Gurtnähte:** Die obere v... Ende zum anderen ge... die untere in 2 Ab... beiderseits des Stege... selnde Schweißrichtung... einzelnen Lagen.	
	...Schweißung des Stoßes ohne Zwischenpausen. Gesamtdauer der Stoßschweißung z. B. beim Stoß A_{17} rd. 26 Stunden, Stegnahtschweißung von der 4. bis zur 21. Stunde.	**Stegnaht:** Wurzellage obere Hälfte von der Mitte nach oben, untere Hälfte von der Mitte in einem Zuge oben, untere Hälfte im Pilgerschritt (4 Abschnitte); Zwischenlagen in 2 Abschnitten von der Mitte nach oben und von unten zur Mitte; Decklagen in einem Zuge von unten nach oben (Abb. 17). **Gurtnähte:** Erste 2 bis 3 Lagen im Obergurt von der Mitte nach außen, alle weiteren von einem Ende zum anderen. Untergurtnähte vom Stegblech nach außen geschweißt, abwechselnd je 3 Lagen auf beiden Seiten des Stegs, ebenso alle Lagen in den Nasen.	
5. Schweißweg.	**Stegnaht:** Wurzellagen obere Hälfte von der Mitte in einem Zuge von unten nach oben, untere Hälfte im Pilgerschritt; alle weiteren Lagen in einem Zuge von unten nach oben. Gurtnähte von Gurtmitte nach außen gezogen.	**Stegnaht:** Wurzellage von der Mitte nach oben in Abschnitten, untere Hälfte von der Mitte im Pilgerschritt. Gurtnähte von einem Ende zum anderen mit wechselnder Schweißrichtung gezogen.	Anwendung des Stemmens im Obergurt für die Lagen der oberen Plattenhälfte, im Untergurt für etwa das obere Drittel der Platte und für die Lagen in der Nase (s. **Abb. 3**).
6. Besondere Maßnahmen.	—	Künstliche Biegevorverformung der Gurt- und Stegnahtzonen zur Herabsetzung der Verkrümmungsspannungen (Abb. 16).	

Versuche i. Stahlbau B. 10.

If you have any concerns about our products,
you can contact us on
ProductSafety@springernature.com

In case Publisher is established outside the EU,
the EU authorized representative is:
**Springer Nature Customer Service Center GmbH
Europaplatz 3, 69115 Heidelberg, Germany**

Printed by Libri Plureos GmbH
in Hamburg, Germany